北京市社会科学基金项目“基于生态文明建设的中国环境传播研究”
（项目编号：16XCB004）成果

基于生态文明建设的中国环境传播研究：理论与实践

Research on Environmental Communication in China Based on Ecological Civilization Construction

Theory and Practice

范松楠　燕频　黄亚利　徐锦　著

中国国际广播出版社

图书在版编目（CIP）数据

基于生态文明建设的中国环境传播研究：理论与实践 / 范松楠等著. --北京：中国国际广播出版社，2024.7. -- ISBN 978-7-5078-5611-8

Ⅰ. X-05

中国国家版本馆CIP数据核字第20246H4E19号

基于生态文明建设的中国环境传播研究：理论与实践

著　　者	范松楠　燕　频　黄亚利　徐　锦
责任编辑	尹春雪
校　　对	张　娜
版式设计	邢秀娟
封面设计	赵冰波

出版发行	中国国际广播出版社有限公司［010-89508207（传真）］
社　　址	北京市丰台区榴乡路88号石榴中心2号楼1701 邮编：100079
印　　刷	环球东方（北京）印务有限公司

开　　本	710×1000　1/16
字　　数	220千字
印　　张	14.25
版　　次	2024 年 7 月　北京第一版
印　　次	2024 年 7 月　第一次印刷
定　　价	42.00 元

目 录

第一章　背景："环境"的三个理解层面

时至今日，不会再有人忽视环境问题的重要性，人们都热衷于讨论环境问题和环境保护。但在环境问题、环境保护、绿色经济、环境治理等话语中流动的"环境"究竟指什么？是乱扔垃圾、忘记关灯关水龙头？是极端天气、地质灾害、雾霾、水/土地污染、核废弃物？是森林的肆意砍伐、农业的无限开发？是城市环境和工业污染？是避免受到具有负面效应的公共或工业设施干扰而发起的邻避运动？是环境组织与利益集团关于立法的斗争？是资本和市场对资源的贪婪攫取？与"环境"一词指代模糊同时存在的是人们对待环境的矛盾心理：一方面人们发明了"环境保护"的话语，尤其强调保护自然，但另一方面人们不断将环境作为资源甚至商品来兜售。追逐利润的商贩打出"无公害天然食品"的口号，人们似乎不太愿意牺牲便利舒适的需求而舍弃选择塑料袋、调低空调温度，大众媒介上充斥着将身份地位与大排量豪车匹配的消费主义话语。凡此种种，无一不显示出环境问题的复杂性。在一项基于生态文明建设的中国环境传播研究中，探寻如何理解关键词"环境"是一个不错的起点，而这一点也是既有的大量环境传播文献未能有效梳理的。

第一节　认知层面：从自然面向到文化面向

比较有共识的是，环境传播中的“环境”主要指“自然环境”。这里所说的“自然环境”可以从环境史学的角度理解，即“包括地球，连同它拥有的土壤和矿产资源、咸水和淡水、大气、气候和天气、生物，即从最简单到最复杂的动物和植物，以及最终来自太阳的能源”①。但随着人类活动范围的扩大和程度的深化，经过人力影响的自然因素也应纳入环境范畴。正如《中华人民共和国环境保护法》中所说，环境“是指影响人类生存和发展的各种天然的和经过人工改造的自然因素的总体，包括大气、水、海洋、土地、矿藏、森林、草原、野生生物、自然遗迹、人文遗迹、自然保护区、风景名胜区、城市和乡村等”②。

从这个意义上看，人类本身就是自然的产物。人类的生存、生活和生产都离不开其他物种和整体的自然环境，而人类本身也是自然界生物链条的重要组成部分。在马克思看来，人类无论是在精神方面还是在肉体方面都依赖自然界。“从理论领域来说，植物、动物、石头、空气、光等等，一方面作为自然科学的对象，一方面作为艺术的对象，都是人的意识的一部分，是人的精神的无机界，是人必须事先进行加工以便享用和消化的精神食粮；同样，从实践领域来说，这些东西也是人的生活和人的活动的一部分。”③在人的肉体方面，人类需要从自然界中获取食物、衣服、住所才能得以存活。“自然界，就他自身不是人的身体而言，

---

① 休斯. 什么是环境史［M］. 梅雪芹，译. 北京：北京大学出版社，2008：3.

② 中华人民共和国中央人民政府. 中华人民共和国环境保护法［EB/OL］.（2012-11-13）［2024-04-10］. https://www.gov.cn/bumenfuwu/2012-11/13/content_2601277.htm.

③ 转引自方世南. 马克思恩格斯的生态文明思想：基于《马克思恩格斯文集》的研究［M］. 北京：人民出版社，2017：158.

是人的无机的身体。人靠自然界生活。这就是说，自然界是人为了不致死亡而必须与之处于持续不断的交互作用过程的、人的身体。所谓人的肉体生活和精神生活同自然界相联系，不外是说自然界同自身相联系，因为人是自然界的一部分。"[①]不仅如此，人与自然的关系和人与社会的关系经由生产方式被结合起来。换言之，自然与社会的关联性与统一性在人类的生产生活实践和精神文化实践中得以共同推进。从这个意义上来说，人类史与自然史高度统一，整个人类发展史就是一部不断探索人与自然的关系、人与社会的关系、人与人的关系、人与自身的关系的历史。而自然也经由人的实践活动与人类形成了依赖与制约的对应关系。"与人类社会相对应并且已经纳入人类实践活动之中的自然并不是指人之外存在的纯粹客观的自然，自然史也决不是自在于人以外的纯粹的自然界的演化史，而是与人的实践活动发生关联性关系和不断生成着的自然。"[②]

但有一点需要说明，我们今天所说的"环境"绝不单单就是与人无涉的外部单纯的空气、洋流、山川、生物等，而是越发具有社会性，即与人们的生产生活紧密联系。这一点也被下文论及的环境运动中人们对"环境"的认识转变所印证。随着环境意识不断觉醒，环境运动也层出不穷，大体经历了从早期的单纯关注外部的自然荒野，到20世纪60—70年代关注与人们生活更直接相关的公共健康和城市污染的认识过程。20世纪80年代由美国低收入群体和少数族裔群体发起的一系列环境正义运动更是冲击了以往视社会与自然相互分离的固有观念，将对环境本身的理解拓展到人们生活、工作和学习的地方。

人与自然之间这种复杂的、依赖的、制约的、统一的关系注定了环

① 转引自方世南.马克思恩格斯的生态文明思想：基于《马克思恩格斯文集》的研究［M］.北京：人民出版社，2017：158.

② 转引自方世南.马克思恩格斯的生态文明思想：基于《马克思恩格斯文集》的研究［M］.北京：人民出版社，2017：153.

境传播中的关键词“环境”不能仅限于客观的甚至先在的自然环境。环境人类学在这方面的认识或许更有启发意义。人类学家通常使用的“环境”概念包括两个层面：“第一，仅指自然环境的狭义环境概念，而将环境和人类的关系视为文化，即将人类取得的环境适应机制或适应战略视为文化去加以研究。”“这个范畴的环境可以称为生物物理性环境，或自然环境。”[①]这种观点难免将人类与环境的关系陷入“心灵与肉体”的二元对立之中。而新近的环境新理念主张不把环境限于自然，而是将其拓展至可以囊括社会文化、知识、理解等范围。“第二，是将社会文化的各种要素视为可以对某一人类群体结构产生影响的环境。我们可以将环境的概念拓展到它的最终形式，把认知某种现象的人为思维体系，以及由这样的思维体系维系起来的人际关系也纳入环境的范畴。这个范畴的环境可以称为心理社会性环境，或认知环境。这里所谓的某种现象是指人文、社会、自然以及认知它们的过程和结果。”[②]注入文化观的环境概念具有一种“心灵即肉体”的一元论文化整体性。

就如何理解文化而言，不妨引入雷蒙·威廉斯对文化所做的三种界定中的第三种，即文化的社会定义。这一层面的文化“与日常生活几乎是同义的”，它涵盖了指涉“优秀的思想和艺术经典”的理想层面的文化定义和“知性和想象作品的整体”的文献层面的定义，并囊括了以往不被承认为文化的内容，如“生产组织、家庭结构、表现或制约社会关系的制度的结构、社会成员借以交流的独特形式”[③]。在雷蒙斯看来，文学、制度、风俗、习惯等形式都能够承载文化。

从文化意指如何生活这个角度来说，文化与环境之间的交互作用在古今中外不同民族的发展史中都能发现。在不同文明的形成初期，自然环境的决定性作用更突出。世界各地的主要文明发源地都受其地理条

---

① 全京秀. 环境人类学［M］. 崔海洋，杨洋，译. 北京：科学出版社，2016：5.
② 全京秀. 环境人类学［M］. 崔海洋，杨洋，译. 北京：科学出版社，2016：5.
③ 罗钢，刘象愚. 文化研究读本［M］. 北京：中国社会科学出版社，2000：126.

件，如气候、水文、地势、土壤条件等环境因素的影响。比如欧洲文明的代表——希腊和罗马，之所以能够形成比较发达的商业文明和城邦文化，与其所处的地中海的内海地理特征直接相关。甚至其民族性格也被认为是这种环境因素使然。孟德斯鸠曾详细论述气候对各民族的性格、感情、想象力、智慧、道德、风俗、宗教和法律等方面的巨大影响，甚至指出“雅典的不毛之地孕育了民主政治，而斯巴达的沃土萌生了贵族政治”[①]。四大文明古国更是受惠于各自的水域特征：古巴比伦的底格里斯河与幼发拉底河、埃及的尼罗河、古印度的印度河与恒河、中国的黄河与长江。这些河流冲积形成的肥沃土壤滋润着一个个璀璨的文明。就中国而言，因自然环境上的长江和黄河流域而划分出的空间上的南北格局，以及特殊的气候条件与多样性的动植物分布，对中国的农业生产、文化特质、城乡关系等有着决定性意义。中国环境史的研究显示，“在气候变化和其他因素结束了末次冰期的同时，也为人们提供了培植作物和从事农耕的环境条件。9500—8800年前，人们开始在长江流域的一些地方培植水稻；8000年前，在中国北方出现了以种植稷为主的旱地耕作”[②]。这种农业生产上的进步为文化的发展打下了基础。正如冀朝鼎所说：“中国的各种地理条件造成了这样的事实：如果没有农业完整组成部分的水利系统的发展，农业生产就决然达不到它曾经有过的高水平，也不可能出现具有高度生产性的农业经济所带来的半封建中国的繁荣文化。”[③]以中国诗歌中具有独特审美意蕴的田园诗为例，在一首首脍炙人口的关于隐居躬耕的诗句中，万物顺应自然之理与朴实自然之风、诗人吟啸自乐之心与返璞归真之趣跃然纸上。如被称为“古今隐逸诗人之宗”的陶渊明的《饮酒》(其五)：“结庐在人境，而无车马喧。问君

---

① 全京秀. 环境人类学［M］. 崔海洋，杨洋，译. 北京：科学出版社，2016：8.

② 马立博. 中国环境史：从史前到现代［M］. 关永强，高丽洁，译. 北京：中国人民大学出版社，2015：17.

③ 转引自叶超. 体国经野：中国城乡关系发展的理论与历史［M］. 南京：东南大学出版社，2014：77.

何能尔，心远地自偏。采菊东篱下，悠然见南山。山气日夕佳，飞鸟相与还。此中有真意，欲辨已忘言。”魏晋时期带有强烈隐逸色彩的田园诗后来发展成为士大夫深刻体认的隐逸文化，也深刻影响了后来的山水诗。不仅如此，中国的农业生产和以内陆为主的地理特征渐渐形成了一种偏向稳定、重农抑商、重乡轻城的文化特质。

除了这种经验层面上的历史观察，理论层面上的环境决定论与环境可能论也就环境与文化的关系给予了深刻阐述。环境决定论的思想可以追溯至亚里士多德，但主要的代表人物包括法国思想家孟德斯鸠、俄国学者普列汉诺夫、德国地理学家拉采尔、美国地理学家森普尔和亨廷顿等。他们的主要观点就是“气候或地理环境因素是决定文化特殊性的因素”①。因为孤立地强调自然地理环境在人类文化形成中的决定性地位，而忽视了人类自主活动的能动性价值，环境决定论被视为某种外因论而备受批评。对此，人类学家在世界范围内掌握了大量的文化资料后提出了环境可能论，认为相较于决定性功能，环境因素的限制性功能更突出。② 也有学者借助马克思的“人化自然”观点为环境决定论正名，并揭示其在当代的价值与意义。在马克思看来，原始意义上的地理环境为外部自然，与人的需要、活动、实践相联系的地理环境是内部自然；因为人的活动，这两种自然已经联系起来并深刻地影响着人的生产、生活以及意识等活动；而影响的“桥梁”或“渠道”便是人的身体。具体而言，在人类发展的早期阶段，自然界的变化引发了人的身体组织的变化，如脑、手、足的发育，从而适应外部世界；在人类活动与自然界不断交融从而形成“人化自然”之后，自然界开始通过人的身体对后者的思想、情感进行规训。所以，在马克思看来，自然界是人的无机的身体——人需要为了生存而与自然界不断进行物质交换，人的身体是有机的自然界——人本身就是自然的一部分，无论肉体还是精神都与自然界

---

① 全京秀. 环境人类学［M］. 崔海洋，杨洋，译. 北京：科学出版社，2016：8.

② 全京秀. 环境人类学［M］. 崔海洋，杨洋，译. 北京：科学出版社，2016：9.

相连。[①]按照这种"人化自然"的观点，环境决定论中的"环境"已经从单纯的自然环境转变为带有社会化色彩的环境，正是这种交融的环境因素形塑了文化的样貌。

综上，在承认自然和文化不可割裂的前提下，对"环境"一词的理解就需要从单纯的自然环境转变为兼顾自然环境和认知环境两个层面。换言之，环境应被视为一个整体性概念。从生态系统的角度来看，人类作为自然的产物是生态种群中的一个因素，在人类与气候、土壤、水等其他生物因素相互影响而演进变化的生态关系网络中，人类创建、践行、捍卫的文化始终在调节人类与整个生态系统其他种群或元素之间的有机联系。

第二节　思想层面：来自专家学者的环境论述

人类的生产生活与环境须臾不可分割的基础性、结构性联系，促使各个时代的精英学者不断探寻人与环境之间的关系，由此形成了丰富多彩的环境思想。这些思想硕果堪称后来环境传播深厚的思想渊源。

在前现代社会，尚没有大众媒介，生产以小范围的自给自足经济为主，古今中外历代先贤们围绕环境的论述主要集中在环境对人类社会的影响、人类的行为造成的环境变化以及相应引发人类社会的回响。在希腊，历史学家希罗多德在其作品中零散地记载了自然环境因人力而出现的异常变化及其带来的消极后果，比如因挖沟渠、焚烧森林扰乱自然秩序，人类受到神的惩戒，被灾难折磨。另一位历史学家修昔底德则提出了环境对历史产生影响的理论，包括贫瘠的生存环境对避免战祸、吸引人口的作用，交战中的城市对木材等自然资源的强烈需求构成占领森

① 皮家胜，罗雪贞. 为"地理环境决定论"辩诬与正名［J］. 教学与研究，2016（12）：23-32.

林的重要动机，等等。被称为医学之父的希波克拉底从医学和健康的角度提出了一种环境决定论。他认为，人们的性情、精力和健康状况受居住地的日照、风向、气候乃至水源质量的支配。柏拉图在描绘其理想国时也讨论了环境问题，尤其是森林砍伐以及由此导致的泉水干涸、洪水泛滥、水土流失等问题。到了罗马时代，历史著述中对环境的阐述评论明显减少。罗马著名的政治家西塞罗对人类改造利用自然的能力尤为赞赏，比如农业、灌溉、林业、驯养、采矿、建筑等，他的一个代表性观点就是人类用自己的双手在自然界中创造了第二自然。[①]概言之，中世纪以前欧洲的自然观是一种万物有神的有机论自然观。[②]

需要强调的一点是，受宗教和哲学传统的影响，欧洲长期将自然和人类区分开。以声名远播的希腊神话为例，其故事主线都是在人和自然的对立中推进的。与欧洲不同，中国古代哲学在对待自然环境的问题上并没有这种鲜明的界限感，甚至在现代以前都没有一个与英语语境中的“自然”——人与外部世界分隔——意义相近的词。在古代东方的中国、日本等国，用以替代“自然”的词是罗列具体事物的“山川草木”或“花鸟鱼虫”，这也解释了为什么中国关于山水花鸟的诗词画卷中蕴藏着大量的环境思想。在中国古代哲学中，自然表示“自然而然”，是一种遵从根本原理、听其自然的存在状态，带有强烈的思辨味道。包括元气说、阴阳说、五行说、八卦说、形气神论等在内的古代自然观念，讨论的都是“世界的本原问题和对运动规律的思辨解说，（东方自然观）对事物的认识是从整体角度考虑的，注重的是辩证统一，而且对人与自然之间的关系作出统一考虑”[③]。

① 休斯. 什么是环境史［M］. 梅雪芹，译. 北京：北京大学出版社，2008：18-23.

② 曾建平. 环境保护与人间革命：池田大作环境思想研究［M］. 南昌：江西教育出版社，2021：33.

③ 曾建平. 环境保护与人间革命：池田大作环境思想研究［M］. 南昌：江西教育出版社，2021：31.

中国传统典籍中蕴藏着大量生态伦理思想，记载了中国哲学家对“自然与人一体性”的思考。“天人合一”理念可谓是中国自然观最集中的体现。近年来，“天人合一”成为中国哲学领域的重要话题，围绕“天人合一”的内涵——诸如何为“天”、何为“人”、何为“合”、何为“合一”等——的讨论极其繁复。从自然观的角度来看，张岱年的观点更为适用，即“所谓天有三种含义：一指最高主宰，二指广大自然，三指最高原理”①。“人”则不仅仅意指人类，它是庞朴先生指出的自然性、社会性、人文性三种属性的合一，并且人文性使自然性、社会性统一并超乎二者之上，作为人内在的动力存在着，使人之所以能成为活生生的、实实在在的人。“合”是符合、结合的意思。“合一”与现代汉语中的“统一”接近，指“对立的双方彼此又有密切相连不可分离的关系”②，具体则可以分为“以天为主，人合向天”和“以人为主，天合向人”两种。以大而化之的方式来看，“道家的思想偏重于‘以人合天’的类型，虽然他们也研究人道，但是重点却是研究天道，极力使关于人道的主观理想符合天道自然无为的客观规律。儒墨两家的思想恰恰相反，偏重于‘以天合人’，他们主要关心的是社会政治伦理问题，往往是根据关于人道的主观理想去塑造天道，反过来又用这个被塑造了的天道来为关于人道的主观理想作论证”③。

道家的天人合一观念集中体现在“四大论”中。《道德经》中有言：“故道大，天大，地大，人亦大。域中有四大，而人居其一焉。人法地，地法天，天法道，道法自然。”在老子看来，天地之间的法则是

① 张岱年. 中国哲学中“天人合一”思想的剖析［J］. 北京大学学报（哲学社会科学版），1985（1）：3-10.

② 张岱年. 中国哲学中“天人合一”思想的剖析［J］. 北京大学学报（哲学社会科学版），1985（1）：3-10.

③ 转引自曹峰. 先秦时期“天人合一”的两条基本线索：兼评余英时的两重“天人合一”观［J］. 北京师范大学学报（社会科学版），2019（1）：106-113.

相通的，万物由道、天、地、人四大要素构成，人只是其中之一，并非中心所在。老子认为，道是万物生存延续的凭借，更是人类行为的规范，人们需要克制主宰自然的欲望，降低对自然的干预，这样反而能促进万物成长。“道生之，德畜之，物形之，势成之。是以万物莫不尊道而贵德。道之尊，德之贵，夫莫之命而常自然。故道生之，德蓄之；长之育之、亭之毒之、养之覆之。生而不有，为而不恃，长而不宰，是谓玄德。”老子的“天人一体”思想后来被庄子进一步表述为“天地与我并生，而万物与我为一”。从今天的眼光来看，道家的自然观具有超越人类中心主义的生态平等色彩。就其本质而言，道家的天人合一思想不仅是一个本体论命题——将“道”视为宇宙万物的本源，更是一个价值论的命题——矫正人与自然的二元对立，主张“顺其自然”，维护生态稳定。就后者而言，西方世界20世纪60年代诞生的生态哲学思想，主张不要过度干预自然，与千年前老子的学说不谋而合。

天人合一的思想在儒家这里经历了漫长的演化发展。张岱年指出：“天人合一的思想虽然渊源于先秦时代，而正式成为一种理论观点，乃在汉代哲学及宋代哲学中。”[①]先秦时代，孔子对天人关系语焉不详，但托孔子名义而写成的《易传》却有许多对于天人关系的精湛见解，比如《乾文言》中讲“夫大人者，与天地合其德，与日月合其明，与四时合其序，与鬼神合其吉凶。先天而天弗违，后天而奉天时。天且弗违，而况于人乎？况于鬼神乎？”；《系辞传上》中则言“与天地相似，故不违；知周乎万物，而道济天下，故不过；旁行而不流，乐天知命，故不忧；安土敦乎仁，故能爱”。它们共同体现了先秦时代天人关系中仁（德）智（知）并重的特点，以超乎人的品德的“盛德”对待自然、滋养万物，实现“合德”的生命目的。孟子“尽心、知性、知天”的观点虽然被认为论证不足，但其在论述人性本善时常常采用有趣的环境议题

① 张岱年. 天人合一评议［J］. 社会科学战线，1998（3）：68-70.

作为比喻，比如常被西方学者引用的"牛山之木尝美矣"[1]的故事。孟子值得被关注的还有一点，就是他似乎已经意识到了资源合理利用以实现持续发展的重要性。比如他对梁惠王的劝诫："不违农时，谷不可胜食也；数罟不入洿池，鱼鳖不可胜食也；斧斤以时入山林，材木不可胜用也。"（《孟子·梁惠王上》）荀子是否认天人相关的少数例外，他认为要以人的需要为基础驯化自然，但他并不否认人和自然和谐共处的关系。《荀子·天论》中说的"天有其时，地有其财，人有其治，夫是之谓能参。舍其所以参，而愿其所参，则惑矣"，是对天、地、人各司其职、和谐统一的宏观高论。《荀子·王制》中说的"草木荣华滋硕之时，则斧斤不入山林，不夭其生，不绝其长也……春耕、夏耘、秋收、冬藏四者不失时，故五谷不绝而百姓有馀食也；洿池、渊沼、川泽谨其时禁，故鱼鳖优多而百姓有馀用也；斩伐养长不失其时，故山林不童而百姓有馀材也"，则是对人与自然如何实现和谐相处的细微指示。

张岱年认为："汉宋哲学中关于天人合一主要有三说，一是董仲舒的天人合一观，二是张载的天人合一观，三是程颢、程颐的天人合一观。"[2]董仲舒被视为汉代第一个自觉探讨天人关系的思想家。他对"天"的阐释强调自然的力量，如"天地之气，阴阳相半，和气周回，朝夕不息"，"运动抑扬，更相动薄，则熏蒿歊蒸，而风雨云雾、雷电雪雹

---

① 出自《孟子·告子章句上》。"孟子曰：'牛山之木尝美矣，以其郊于大国也，斧斤伐之，可以为美乎？是其日夜之所息，雨露之所润，非无萌蘖之生焉，牛羊又从而牧之，是以若彼濯濯也。人见其濯濯也，以为未尝有材焉，此岂山之性也哉？虽存乎人者，岂无仁义之心哉？其所以放其良心者，亦犹斧斤之于木也，旦旦而伐之，可以为美乎？其日夜之所息，平旦之气，其好恶与人相近也者几希，则其旦昼之所为，有梏亡之矣。梏之反覆，则其夜气不足以存；夜气不足以存，则其违禽兽不远矣。人见其禽兽也，而以为未尝有才焉者，是岂人之情也哉？故苟得其养，无物不长；苟失其养，无物不消。孔子曰："操则存，舍则亡；出入无时，莫知其乡。"惟心之谓与？'"孟子以牛山森林被伐、放牧妨碍树苗再生为喻，表明人心之善也需要精心培育。

② 张岱年. 天人合一评议［J］. 社会科学战线，1998（3）：68-70.

生焉。气上薄为雨，下薄为雾，风其噫也，云其气也，雷其相击之声也，电其相击之光也”。他的天人合一观是从“天”与“人”在外貌和性情的相似之处延伸开去，强调“天亦有喜怒之气、哀乐之心，与人相副。以类合之，天人一也”[①]，通过将人视为天的副本来完成天人合一的论证。虽然天人合一思想渊源久远，但它作为一个明确的词语被提出则当数北宋张载。被视为天人合一重要内容的“民胞物与”就来自张载。他在《西铭》一文的开篇就指出：“乾称父，坤称母；予兹藐焉，乃混然中处。故天地之塞，吾其体；天地之帅，吾其性。民，吾同胞；物，吾与也。”如果说董仲舒强调天与人之间的类似，那么张载比之董仲舒更进一步，他将自然性的乾坤天地视作父母，而世间之人之物都由天地所生。因此，他人是我的兄弟姐妹，万物是我的同伴朋友，人与万物应平等、公平地生存于天地之间。董仲舒和张载等都是在天与人分离的前提下去谈论“合一”，但在程颢、程颐看来，“天人本无二，不必言合”，天地万物就是牵一发而动全身的有机组成的整体。以当今生态视角加以审视的话，二程所持的“人与自然的本然合一”的观点“根本地界定了人与自然相处的模式和人类存在的限度，从而构成人类活动的规范，所以既是人类存在的前提，也具有本体意义和规范意义，是作为价值的天人合一的本体基础”[②]。

在中国历代文人不断发展、宣扬天人合一理念的同时，中世纪的欧洲各国受一神教的神学自然观的影响，在人与自然分离的道路上渐行渐远。无论是犹太教还是基督教，神、人、自然都被视作按照等级依次延续排列的：神至高无上，人是最接近神的存在，而自然是神创造的、赐予人且供人征服使用的外在之物。这种独特的神学自然观在西方的现代

① 韩星. 董仲舒天人关系的三维向度及其思想定位［J］. 哲学研究，2015（9）：45-54，128.

② 乔清举，朱舒然. 二程“仁者浑然与物同体”的生态哲学思想［J］. 福建论坛（人文社会科学版），2018（9）：95-103.

化进程中影响深远，为人类因无节制的欲望而征服自然的种种行为打出“正义”的幌子。如果说中世纪同时压制了人的主体性和自然的自律性，那么经历文艺复兴、自然科学勃兴、启蒙运动后，人的主体性得以极大张扬和释放，而自然的待遇则滑向沉寂的另一面。在开普勒、伽利略、笛卡尔、牛顿等人的先后努力下，现代科学的宏大体系轰然开启，自然摆脱了神的束缚，却又陷入了被篡夺和征服的更激烈的旋涡。“在近代西方，首先提倡‘征服自然’的是弗兰西斯·培根。培根进一步推进了一神教的自然观思想，明确地提出要彻底征服自然的‘支配自然’的思想。这是一种与‘和自然共生’互不相容的自然观。这种思想与笛卡尔的‘机械论’、伽利略的‘实验科学’结为一体，推进了科学技术革命。而最近三百年终于确定了‘西方支配世界’‘人类支配自然’，也就好像直接体现了培根的‘知识就是力量’的理念。”①

可见，西方将自然视为为人类服务的外在的、被征服挪用的对象这一思想渊源已久，它深深埋藏于西方现代思潮的底部。伴随着科学技术的日益发展，作为体现西方现代性重要标志的工业文明日渐兴盛，人的主体性和自信心空前膨胀，而征服自然的进程也空前扩张，随之带来的是纷至沓来的环境问题。但早在工业文明兴起时，人与自然的关系问题就是西方知识分子的关切之一，并在18—19世纪诞生了一批具有深远影响的作品。其中，马尔萨斯的《人口论》（1798）中以人口数按几何级数增长，而食物按照算术级数增长为前提，提出为了维持人口与生活资料之间的平衡，需要对人口增长给予限制。马尔萨斯的观点启发了达尔文，后者的《物种起源》（1859）以及进化论思想革命性地改变了人们对物种、自身以及自然环境的认识——人类之前被认为是由上帝创造出来，并占据低于天使但高于低等生物的特殊位置。达尔文的共同进化理念同样影响了马克思和恩格斯的生态学思想，《自然辩证法》集中反

① 曾建平.环境保护与人间革命：池田大作环境思想研究［M］.南昌：江西教育出版社，2021：34.

映了恩格斯的辩证唯物主义自然观。此外，英国经济学家威廉姆·斯坦利·杰文斯（William Stanley Jevons）的《煤炭问题：有关国家进步和煤矿枯竭的调查》（1865）则是就工业革命初期煤炭枯竭对大英帝国经济发展和至高权力的潜在威胁提供答案：革新技术与发展能源替代物。[①]与经济学家偏重自然的外在能源属性不同，文学家更在意人与自然的内在和谐。1854年，在大洋彼岸的美国，文学家亨利·戴维·梭罗在《瓦尔登湖》中以清新的文笔，细腻地描摹了今日所谓的"低碳生活"的点滴，娓娓表达了完整的生命内涵需要与自然共生共栖。在梭罗这里，东方的"隐士"和西方的"勇士"似乎达成了某种和谐，借助东方的哲学彰显了梭罗对超验主义理论的验证。[②]

大约一个世纪之后，美国女科学家蕾切尔·卡森（Rachel Carson）的代表作《寂静的春天》（*Silent Spring*）在1962年问世。在这本书中，卡森用引人注目的开篇寓言——"在这个被病害折磨的世界中，既不是巫术也不是敌人在阻碍新生命的重生。相反，是人类自己。"（No witchcraft，no enemy action had silenced the rebirth of new life in this stricken world. The people had done it themselves.）——将人类活动、科学和自然联系起来。这本书的问世以及它随后在美国社会各界（包括政府机构、民间团体以及利益相关的商业组织）引发的震动最终将"环境"带入公众视野。按照利比·莱斯特（Libby Lester）的观点[③]，正是《寂静的春天》的发表让"环境"被人们发现。因此，该书被视为现代环境主义的丰碑。美国前副总统阿尔·戈尔为这本书30周年纪念版作序时，将其誉为"旷野中的一声呐喊，用它深切的感受、全面的研究和雄

---

① FOSTER J B，CLARK B，YORK R. The ecological rift：Capitalism's war on the earth［M］. New York：Monthly Review Press，2011：169-183.

② 张勤.《瓦尔登湖》的生态解读［J］. 南华大学学报（社会科学版），2020，21（1）：110-116.

③ LESTER L. Media and environment：conflict，politics and the news［M］. Cambridge：Polity Review Press，2010：12-29.

辩的论点改变了历史的进程"。该书问世后受到了化工企业集团的猛烈抵制与谩骂。而作者卡森，一位女性海洋生物学家，因性别关系受到更加极端的攻击。如果从生态女性主义视角——"人类对于自然生态的支配根本上源于父权文化支配下男性对于女性的控制与偏见"[①]——来看的话，历史或许是有意在男性统治的科学界中选择一位女性来完成这部挑战人类几千年来对环境基本认识的奠基之作。

鉴于该书在人类环境认识历程中的重要价值与影响，有必要对该书做一些介绍。该书描述了美国20世纪四五十年代有关DDT等杀虫剂和有毒化学品对环境尤其是野生动植物的危害。作者开篇通过描述一座虚构的小镇，折射出美国众多城镇正经历春天之声沉寂的悲剧。其背后的原因则是人与自然战争中化学武器的使用，它们"被制造出来用于杀死昆虫、野草、啮齿动物和其他一些用现代俗语称之为'害虫'的生物"[②]。然而，这些化学毒剂堪称"广谱杀生剂"，因为它们不加选择地杀死"坏的"和"好的"昆虫，更重要的是，它们深入了广泛的生态系统，威胁其他动植物乃至人类的生命安全。第一，喷洒在原野、森林、农田或者果园中的杀虫剂持续时间很长，以致农作物或者果品中会发现大量农药残留；而喷洒这类杀虫剂的工人、为其洗衣的妇女、为受毒害的工人提供医疗救助的医生等都直接或间接遭遇中毒威胁。第二，当杀虫剂用于消灭水体中的昆虫幼虫、杂鱼或植物时，或者喷洒在其他场域的杀虫剂随着降水进入水体运动时，杀虫剂对水体以及依赖水体形成的生物链的毒害就产生了。浮游生物和鱼自然首当其冲，其次就是以鱼为食的鸟类，如苍鹭、鹈鹕、鸥等，再次就是定期迁徙的远地水禽。实地化验显示出"毒素被最小的生物吸收，经过浓缩，传递给更大的捕食生物"[③]，也就是说化学毒物不会自动消解，而是沿着生物链从低级向高级

① 刘涛. 环境传播：话语、修辞与政治［M］北京：北京大学出版社，2011：136.

② 卡森. 寂静的春天［M］. 熊姣，译. 北京：商务印书馆，2020：21.

③ 卡森. 寂静的春天［M］. 熊姣，译. 北京：商务印书馆，2020：59.

方向不断累积，甚至还通过繁殖在动植物中一代一代传递下去。对此，卡森对人们餐桌上的每一杯水、每一盘鱼提出安全质疑。第三，土壤也是杀虫剂欺侮的对象，不仅土壤的天然本性（如硝化作用）被减弱，而且杀虫剂会由土壤进入植物组织内，如水果、蔬菜。第四，以除草剂为代表的化学毒物是植物的头号杀手。卡森列举的根除鼠尾草的计划[①]表明，铲除某种特定植物意味着依赖这种植物形成的食物链的断裂和衰亡，撕裂了曾经是紧密相连的生命结构。卡森指出，就杀虫剂造成的灾难在野生物专家与政府内从事控制的官僚与化学药物制造者之间一直存有争论，但没有影响杀虫剂的广泛应用。当第二次世界大战后过剩的飞机被用于撒药时，杀虫剂的喷药量和喷洒范围不断扩大，被称为“令人生畏的死亡雨”[②]。作者以多个案例，如1954—1955年伊利诺伊州和1959年底特律郊区消灭日本甲虫运动，展现低空飞机撒药的场景与随之而来的灾难：像雪一样的杀虫剂药粒一视同仁地落在甲虫和人的身上；而撒药后的几天时间里，就出现了鸟死亡的报道，兽医办公室内挤满了突然病倒的宠物，有些人因观看飞机撒药而接触到毒物，之后一小时内就病倒了。[③]

综上，不难看出在人类繁衍、发展的漫长历史进程中，古今中外的智者先贤都在有意无意地思考着人与外部环境之间的关系。正如罗杰斯在《传播学史：一种传记式的方法》中将传播学的起源追溯到达尔文的进化论、弗洛伊德的精神分析、马克思和批判学派上一样，上述的种种理论观点与论著不仅表明了中西方知识界对环境问题持久关注的文化传统，也构成了今日环境传播的殷实的学术根基。

① 卡森.寂静的春天［M］.熊姣，译.北京：商务印书馆，2020：73-76.
② 卡森.寂静的春天［M］.熊姣，译.北京：商务印书馆，2020：156.
③ 卡森.寂静的春天［M］.熊姣，译.北京：商务印书馆，2020：93-99.

第三节　现实层面：源自普通民众的环境运动

如果说上节论述的古今中外学者对环境问题的思考偏于精英阶层的"著书立传"，其中不乏今天环境传播研究的智识储备，那么本节要论述的自20世纪60年代起的环境运动则是普通民众的"迫不得已"，堪称当今环境传播研究得以兴起的现实动力。

美国作为环境传播研究较为成熟的国家，也是环境运动备受瞩目之地，其环境运动历史"传统上将19世纪视为集中保护荒野的年代，而20世纪60年代以后则成为唤醒人们关注人类健康的时代"[①]。长久以来的厌恶自然，将自然视为外在于人的、仅仅是开发对象的这一人类中心主义环境观在18世纪时首先遭遇了一批艺术家和文学家的批驳，如罗德里克·纳什（Roderick Nash）的《荒野与美国思想》（*Wilderness and the American Mind*），亨利·戴维·梭罗（Henry David Thoreau）[②]的超验主义观点（transcendentalism），等等。到了19世纪，受这类思想影响的"荒野保存运动"（Wilderness Preservation Movement）率先兴起。该运动的主要诉求是停止对荒野的商业开放，相反，从审美、研究和户外娱乐的角度给予保护。内华达山脉的优胜美地山谷（Yosemite Valley）就是其保护对象之一，美国国会在该运动的影响下于1890年确立了优胜美地国家公园的地位。从传播学的角度来看，该运动的成功与领袖人物约翰·缪尔（John Muir）在其文学作品中成功塑造"崇高感"从而有效吸引和动员受众是密不可分的。事实上，克里斯汀·奥拉维茨（Christine Oravec）在1981年就此撰写的论文《约翰·穆尔，优胜美地和雄浑壮丽的回应：对保护的修辞学研究》（John Muir，Yosemite，and the sublime

① PEZZULLO P C，COX R. Environmental communication and the public sphere ［M］. Thousand Oaks：SAGE Publications，2013：40.

② 亨利·戴维·梭罗是《瓦尔登湖》的作者，该书描绘自然风光，崇尚简朴生活。

response：a study in the rhetoric of preservationism）被认为是环境传播的开山之作。该运动还诞生了许多致力于保护荒野和野生动物的组织，如塞拉俱乐部（Sierra Club）。进入20世纪后，受功利主义影响，一种新的保护主义（conservation）思想开始出现，它的代表人物是吉福德·平肖（Gifford Pinchot）。[①]与保存主义（preservation）不同，保护主义主张明智且有效地利用森林，在开发的同时辅以保护和更新，实现永续生产。在随后的几十年间，在众多环境政策制定的过程中都不难发现这两种冲突性的话语博弈。

到了20世纪60—70年代，环境运动将目光从外部的、单纯的荒野逐渐转向与人们生活更直接相关的公共健康和城市污染问题。《寂静的春天》一书首次向影响自然环境和人类健康的商业实践发出公众质疑，作者蕾切尔·卡森被视为现代环境运动的奠基人。拉夫运河（Love Canal）事件则进一步强化了普通民众对其生活空间中化学危险品的认识，并促使他们参与清除污染物的运动。同时，加大排污企业责任的呼声也日益高涨。20世纪80年代，由低收入群体和少数族裔群体发起的环境正义运动——将环境问题和社会正义相结合——冲击了以往视社会与自然相互分离的固有观念，将对环境本身的理解拓展到人们生活、工作和学习的地方。

如今，环境正义运动出现在世界各个地区，但它最早起源于美国的民权运动。自《民权法案》通过的20世纪60年代开始就出现了零星抗议，呼吁人们关注城市社区和工作空间里的环境问题。马丁·路德·金于1968年亲赴田纳西州孟菲斯市，加入当时非裔美国人的环卫工人为争取更高工资和更好工作条件的罢工运动中。这一事件被环境正义学者和社会学家罗伯特·巴拉德（Robert Bullard）称为将民权与环境健康问题结合起来的早期努力之一。[②]1971年，设在美国总统办公室下的环境

① 吉福德·平肖为美国林业局（Division of Forestry）第一任局长。

② PEZZULLO P C，COX R. Environmental communication and the public sphere［M］. Thousand Oaks：SAGE Publications，2013：247.

质量委员会承认确实存在对城市贫困人口和他们的环境质量有着不利影响的种族歧视现象。20世纪70年代还出现了多起关于环境正义的诉讼案件，其中最著名的是由罗伯特·巴拉德的妻子琳达·巴拉德（Linda Bullard）代理的“比恩控诉西南废物管理公司”（Bean v. Southwestern Waste Management Inc.）一案，它被认为是第一起挑战有毒废物设施选址的民权诉讼案件。直到20世纪80年代，这种孤立的抗议才最终演变为在全国范围内争取社会正义和环境保护的环境正义运动。点燃这一运动的是北卡罗来纳州的“沃伦抗议”（Warren County Protest）。1982年，以非裔美国人为主要居民的沃伦县被选中作为有毒土壤的填埋地，这引发了当地人的积极反抗，他们甚至躺在马路中间阻止卡车进入，该事件中共计523人被捕。[①]虽然“沃伦抗议”没有成功，但该事件让人们关注环境污染对少数族裔社区的不成比例的负面影响这一问题，而且最终将环境正义关注植入政治议程。1987年，美国联合基督教会种族正义委员会（United Church of Christ’s Commission for Racial Justice）发表研究报告《美国的有毒废弃物与种族》（Toxic Wastes and Race in the United States），总结了美国少数族裔社区在忍受环境危害方面受到不公正待遇的整体情况。[②]20世纪90年代，环境正义运动迎来了高潮期。1991年，第一届全国有色人种环境领袖峰会在华盛顿召开，提出了环境正义的17条原则（第二届全国有色人种环境领袖峰会于2002年在华盛顿召开）；1993年，美国环境正义咨询委员会成立，其职责是保证美国国家环境保护局在制定环境政策时能够考虑到环境正义方面；1994年，克林顿总统签发行政命令《解决少数族裔和低收入群体社区内的环境正义的联邦行动》（Federal Actions to Address Environmental Justice in Minority

---

① NEWTON D E. Environmental justice：a reference handbook［M］. 2nd ed. Santa Barbara：ABC-CLIO，2009：1-2.

② PEZZULLO P C，COX R. Environmental communication and the public sphere［M］. Thousand Oaks：SAGE Publications，2013：247.

Populations and Low-Income Populations），并采用了“环境正义”这一术语；1995年，当环境正义代表参加在北京召开的第四次世界妇女大会时，美国的环境正义运动开始走上全球舞台。

环境正义运动在美国出现后，一些研究试图分析造成低收入群体和少数族裔社区不成比例地受到环境污染影响的原因究竟是阶级、种族还是地产市场的波动。研究发现，社会经济地位和种族都会影响到污染源的选址，但种族是更显著的因素。[①]随着环境正义运动在其他国家的兴起，对造成这种现象的主导因素的分析不断补充和纠正美国已有的研究结论。比如，加拿大的环境正义研究发现，家庭状况较差（如单亲）和教育水平较低的社区是城市周边污染物的最大受害者；黑人并非整体地居住在空气污染严重的房产区域；拉丁裔移民确实与空气质量恶劣的区域有更紧密的空间联系；有着较高社会经济地位的韩国移民则居住在比较干净的社区。这些发现扩展了美国出现的针对少数族裔的环境非正义的认识。[②]而英国的社会正义和环境话语中也是在近些年才引入了来自美国的环境正义思想。英国的环境正义研究尚处于早期阶段，但已有迹象显示英国的环境非正义状况并不逊于其他地方。研究发现，“1999年英国大型工厂向空气中排放的11400吨致癌化学物质中，82%来自位于地方当局最贫困的20%选区的工厂”[③]。环境正义运动也出现在发展中国家。20世纪70年代，印度出现了由当地妇女组织并领导的反抗伐木商的“拥抱树木运动”，要求减少种植经济作物并恢复森林的传统生态作用；为了挽救巴西亚马孙河流域的热带雨林，割胶工人奇科·蒙德斯（Chico Mendes）与其他工人和当地居民一起抵制破坏雨林的大地主的

---

① NEWTON D E. Environmental justice：a reference handbook［M］. 2nd ed. Santa Barbara：ABC-CLIO，2009：24.

② BUZZELLI M. Environmental justice in Canada-it matters where you live［EB/OL］.［2024-04-10］. https://oaresource.library.carleton.ca/cprn/50875_en.pdf.

③ BELL D. Environmental justice and Rawls’difference principle［J］. Environmental ethics，2004，26（3）：287-306.

利益。[①]

最近20年间，在世界各地都出现了保护自然系统、维护人类健康和保护社会正义的环境运动，折射出丰富多样的传播手段与议程设置。近年来，气候变化成为环境传播领域的新主题。整体上看，西方世界的环境运动在这一阶段更加关注可持续发展和气候变化议题。[②]环境正义运动因此不断吸纳亚洲、南美洲、非洲以及太平洋岛国等地发生的气候正义运动。气候正义从社会正义、人权和本地人的关切等框架出发，思考气候变化对环境和人的影响。它强调气候变化不仅是环境议题，还会不成比例地影响一些脆弱国家和地区，而在制定针对气候变化的政策过程中，这些国家和地区常常不能有效参与其中。

综上，近两个世纪的环境运动堪称环境传播的演练场，环境传播不仅是这些运动必不可少的组成成分，更在实践中不断探索研究领域、积累研究方法。

① FOSTER J B. The vulnerable planet：a short economic history of the environment［M］. New York：Monthly Review Press，1994：140-141.

② PEZZULLO P C，COX R. Environmental communication and the public sphere［M］. Thousand Oaks：SAGE Publications，2013：40-53.

第二章　主题:“环境传播”的三个理解维度

尽管古今中外的学者自觉或不自觉地论述人与自然的关系可以被视为某种环境传播行为，不同国别和阶层的社会群体奋起抗争的环境运动中更是不乏环境传播的话语策略和修辞手段，但作为一个学科或者研究领域意义的环境传播是何时兴起的？在既有的传播学研究版图下它占据何种位置？环境传播能够安身立命的关键学术事件和机构实践又呈现何种面貌？当前的环境传播存在何种亟待突破的困境？本章就以上问题进行重点探讨。

第一节　概念维度：确认“环境传播”意义框架的努力

如同人文社科领域大量的概念难以获得学界共识一样，鉴于环境传播实践的复杂性、环境传播研究领域的多样性、环境传播知识结构的跨学科特征以及方法上的丰富性，环境传播的意义框架在过去40年间始终不乏意义争夺。但认识比较一致的是，被视为传播学的一个分支的环境传播研究起始于20世纪60年代的美国，这自然与美国的环境运动和传播学研究较为成熟直接相关。

就目前国内对国外环境传播研究的引介情况来看，以对英语世界的研究为主，且尤其偏重美国的环境传播学介绍。在这一点上，暨南大学刘涛教授做出了重要贡献。在《"传播环境"还是"环境传播"？——环境传播的学术起源与意义框架》一文中，刘涛教授通过梳理环境传播学术史上有代表性的6个学术事件，勾勒出环境传播的概念内涵与演变轨迹。这6个学术事件包括：①1972年，克莱·舍恩菲尔德（Clay Schoenfeld）发表了涉及环境传播的第一篇研究文献《环境传播的兴起》，将环境传播笼统界定为对有关环境问题的大众传播研究。②1973年，舍恩菲尔德主编的《解释环境问题：环保传播研究与发展》一书问世。这是一本环境传播领域的奠基性著作，不仅提出了带有环境保护意识的环保传播的概念，还重点关注了环境传播领域的五个话题——环境传播实务研究、内容与受众研究、媒介与方法研究、环境营销传播研究、公众行为研究。③1979年，勒妮·吉列尔雷（Renee Guillierie）和克莱·舍恩菲尔德出版了《环境传播研究与评论的文献注释（1969—1979）》，系统梳理、评述了环境传播的研究文献。该书给出了环境传播最早的学界定义："环境传播是指围绕环境、环境管理、环境议题方面的文字、语言或视觉信息，对其进行策划、生产、交流或研究的过程与实践。"可见，这一概念的实用主义色彩突出，从环境问题应对角度强调传播实践的现实意义。④1989年，德国社会学家尼克拉斯·卢曼（Niklas Luhmann）在《生态传播》（*Ecological Communication*）一书第六章"作为社会运行的传播"（Communication as a Social Operation）中将环境传播定义为"旨在改变社会传播结构与话语系统的任何一种有关环境议题表达的交流实践与方式"[①]。⑤1995年，以提出"生态社会理论"（biosocial theory）闻名的学者戴维·巴克斯（David Backes）发

---

① LUHMANN N. Ecological communication［M］. Chicago：University of Chicago Press，1989：23. 原文为"We will take it to designate *any communication about environment* that seeks to bring about *a change about in the structure of environment system that is society*"。

表了《生态社会学视角与环境传播研究》一文。文中将环境传播定义为“关于环境新闻生产、环境议题的知识与态度，以及环境—社会冲突的内在机制的一个传播学研究领域”。⑥2006年，环境传播领域极具影响力的著作《环境传播与公共领域》(*Environmental Communication and the Public Sphere*)[①]面世。作者罗伯特·考克斯（Robert Cox）对环境传播给出了极具国际影响力的定义：“环境传播是我们理解环境以及人与自然之间关系的一种实用性和建构性工具（pragmatic and constitutive vehicle），是我们用以建构环境问题以及呈现不同社会主体之间环境争议的一种符号化的媒介途径（symbolic medium）。”不仅如此，考克斯还将环境传播研究划分为七大领域，即环境修辞和话语研究、媒介与环境新闻研究、环境决策与公共参与研究、社会营销与环境动员研究、环境合作与冲突应对研究、风险沟通研究、流行文化与环境表征研究。[②]

从上述学术事件的梳理中不难看出，环境传播在以美国为代表的主流传播学界经历的意义框架变化：从早期的笼统认识，到倡导环保的雏形概念，再到实用主义的价值偏重，最后发展至认识人、自然与社会的实用性和建构性工具的定位。除了探究“环境传播是什么”，学界还试图梳理“环境传播研究什么”。新墨西哥大学的传播学学者特马·米尔斯坦（Tema Milstein）认为，环境传播是一个关注人们就自然世界的传播方式的学术领域。国际环境传播学会（International Environmental Communication Association，简称IECA）的执行主任马克·迈斯纳（Mark Meisner）更宽泛地将环境传播定义为涉及环境事件的传播。路易斯安那州立大学的凯文·埃尔斯（Kevin Ells）以宽广的生态中心的视角给出定义：环境传播包括所有涉及固态、液态、气态的地球的外壳以及生物

① 该书已经出版第三版，第一、二、三版分别于2006年、2010年、2012年出版。目前第三版已有中文版本，即《假如自然不沉默：环境传播与公共领域（第三版）》。

② 刘涛.“传播环境”还是“环境传播”？——环境传播的学术起源与意义框架［J］.新闻与传播研究，2016，23（7）：110-125.

圈在历史、现状、未来方面的话语研究和呈现。在地球外壳中生命与矿物质、水、大气以及通常称为的环境之间彼此相互作用。环境传播的研究者要检验出于多种潜在目的在所有媒体上的这种话语的实践和批评。

在刘涛教授梳理的6个关键学术事件中，有两个人物及其影响需要做进一步说明，第一个是来自德国社会学背景的尼克拉斯·卢曼，第二个是提出接受度极高的环境传播概念的学者罗伯特·考克斯。就尼克拉斯·卢曼来说，他并非来自美国主流传播学界，而是带着社会学家的自觉进入环境传播的研究中。卢曼“将社会系统理解成自我指涉的、封闭的、自我制造的系统”，他选择将“‘传播’，而非‘人’或者‘行动’看作社会系统的基本要素”[①]。在对待生态问题上，他强调生态破坏或者环境问题如果不经由传播就无法对社会产生影响，从而凸显传播在解决环境问题过程中的重要性。《生态传播》中多个章节论及传播，在最后一章“环境伦理”（Environmental Ethics）中，卢曼进一步指出“环境传播应该在伦理问题上达到制高点并找到其合理性”[②]。就对环境传播应该具有伦理关怀这点而言，卢曼与罗伯特·考克斯有极大共鸣，他们共同揭示环境传播重建社会、共同保护、持续发展的学术使命。不仅如此，卢曼“将环境危机（environmental danger）界定为把握环境传播概念内涵的核心话语。环境危机是连接环境安全与社会变革的‘中介话语’，而且作为一种生产性话语形态再造了环境传播的一系列关键议题”[③]。

罗伯特·考克斯的重要性在于他在学术和实践上的“双栖性”。他一方面曾于1994—1996年、2000—2001年、2007—2008年担任美国著

① 周志家. 社会系统与社会和谐——卢曼社会系统理论的整合观探析［C］// 中国科学院中国现代化研究中心. 第四期中国现代化研究论坛论文集.［出版者不详］，2006：5.

② LUHMANN N. Ecological communication［M］. Chicago：University of Chicago Press，1989：23. 原文为“ecological communication should culminate in ethical question and find its justification there”。

③ 刘涛. “传播环境”还是“环境传播”？——环境传播的学术起源与意义框架［J］. 新闻与传播研究，2016，23（7）：110-125.

名环保组织塞拉俱乐部的主席，另一方面担任北卡罗来纳大学教堂山分校的传播学教授。他不仅提出了极具国际影响力的环境传播概念，划分了环境传播的重要领域，出版了环境传播领域的重要论著，还极大拓展了环境传播中话语和修辞的研究取向。2007年，考克斯在《自然的“危机学科”：环境传播肩负伦理责任吗？》一文中指出，在媒介研究、社会学、城市规划、政治科学和环境研究等相关领域都已经做得很好的情况下，环境传播为什么要作为一种补充或者新学科出现？如果它不是随意出现的，如果该领域内的学者们共享一套独特的假设和问题，那么这套假设和问题是什么？由此，考克斯提出了环境传播是否为危机学科，是否同样需要承担伦理责任的问题。文章中，考克斯提出四项环境传播应承担的伦理责任：第一，环境传播研究应提升社会对与人类文明和自然生物系统福祉相关的环境信号的适当反应能力。第二，在个人层面上，参与、体验、反思并和他人分享自己与自然界的关系，乃至参与他人的表达的能力本质上是好的并值得培养。第三，在社会层面上，有关环境议题的政府报告、信息和决策过程等应该透明并且保障公众可以访问。相应地，环境质量受到威胁和影响的人应当有充足的能力参与到可能会影响到他们的社区、家庭或个人健康福祉的决策中去。第四，环境传播学者、教师和从业人员在环境的象征性/社会性代表、知识声明或其他传播实践受到限制或屈从于对人类社区和自然界有害或不可持续的决策时，都有检查、教育、批评或以其他方式反对的义务。[①] 这篇文章引起了广泛的讨论。

以上是以美国为主的主流传播学界试图确认环境传播意义框架的漫长努力。由于语言障碍，其他语种的环境传播的意义框架是否存在其他维度还有待考究。在中文语境下，对环境传播的概念探析则远远不及对环境新闻的讨论。学者张威在梳理美国的环境新闻发展和国际组织

① COX R.Nature’s “crisis disciplines”: does environmental communication have an ethical duty?［J］. Environmental communication，2007，1（1）：5-20.

对环境新闻的界定后指出,“环境新闻学是有关环境报道的学问,它探求环境报道的独特规律,聚焦于人与自然环境的矛盾及其产生的社会问题,重在将人类环境的现状告知受众,引起社会的警示。它是新闻报道的一种门类,要遵循新闻的规律,但又具有自己的显著特点(公众性、科学性、调查性、揭秘性)”[①]。长期从事环境新闻研究的学者王积龙则认为,“环境新闻报道不是简单的客观事件的反映,而是需要一套复杂环境科学思想指导的主观能动反映。其根本原则是根据环境科学思想来解释与报道环境新闻,教育公众,使环境灾难得到尽快消除,并起到惩前毖后的作用”[②],从中不难看出与考克斯相似的环境伦理观。也有学者认为环境新闻应有狭义和广义之分。“狭义地理解,(环境新闻)是指以大众传播手段传递的、公众普遍关注的各种环境保护方面的信息;广义地理解,(环境新闻)是指以大众传播手段传递的、为达到人与自然和谐相处可持续发展而进行各种活动的信息……环境新闻是‘环境’的内容与‘新闻’的形式的结合,或是以新闻的形式反映变动着的环境事实。”[③]可见,在相当长的时间内,中国学界对环境传播偏于考克斯所说的“媒介与环境新闻”方向。相应地,学者刘涛打破了既往环境信息流的取向,从话语、权力与政治的视角进入,认为“环境传播核心要探讨的是联结环境安全与社会变革的符号解释行为和话语建构行为”[④]。

① 张威. 环境新闻学的发展及其概念初探[J]. 新闻记者,2004(9):18-21.

② 王积龙. 从汶川地震报道看中国环境新闻理念的嬗变[J]. 西南民族大学学报(人文社科版),2009,30(5):123-125.

③ 程少华. 环境新闻的发展历程[J]. 新闻大学,2004(2):78-81.

④ 刘涛. 环境传播的九大研究领域(1938—2007):话语、权力与政治的解读视角[J]. 新闻大学,2009(4):97-104,82.

第二节　现状维度：中西方环境传播研究现状

一、西方环境传播研究现状

（一）主流环境传播研究现状

从研究和学科角度来说，环境传播已经进入西方学院体制内。首先，在美国，科罗拉多州立大学、康奈尔大学、北亚利桑那大学、俄亥俄州立大学、纽约州立大学、辛辛那提大学、威斯康星大学等学校都开设了环境传播专业或研究项目，比如，耶鲁大学就设置了气候传播项目。在加拿大，一些大学，如西蒙菲莎大学同时向本科生和研究生开设环境传播课程。其次，环境传播还拥有自己的学术期刊，如《应用环境教育与传播》（*Applied Environmental Education & Communication*）、《环境传播学年刊》（*The Environmental Communication Yearbook*）、《环境传播：自然与文化学刊》（*Environmental Communication: A Journal of Nature and Culture*）等。这三种期刊分别于2002年、2005年、2007年问世。最后，四个具有国际影响的传播学学会——国际传播学会（ICA）、国际媒介与传播研究学会（IAMCR）、新闻与大众传播教育学会（AEJMC）、美国国家传播学会（NCA）也都纷纷开辟了环境传播的主题会场。国际环境传播学会也于2011年成立了，它试图协调世界范围内环境传播的研究与活动。

诚如罗伯特·考克斯所言，美国的环境传播包括环境修辞和话语研究、媒介与环境新闻研究、环境决策与公共参与研究、社会营销与环境动员研究、环境合作与冲突应对研究、风险沟通研究、流行文化与环境表征研究等领域。相对来说，媒介与环境新闻领域重点考察媒介呈现环境议题的信息文本与框架，是最原初意义上的环境传播维度，历史悠久，成果斐然。有学者致力于揭示媒体中的不同自然观，如受害者、病人、威胁/烦扰、资源，以及人们对自然要么钦佩渴望，要么仇恨破坏的对立情感。[①]受传统新闻价值观念的影响，环境新闻大多聚焦于戏剧性事件，如飓风、核爆炸等，且呈现过程中倾向于使用丰富的视觉元素。因此，诸如气候变化、空气污染、物种灭绝等缓慢分散的环境议题难以被生动地再现。传统新闻讲究的客观性和平衡性也时常因为环境议题涉及的科学层面的争议而难以践行，最典型的就是全球变暖话题。可见，新闻报道中的共识性原则正在被环境议题不断挑战。也有大量学者沿用经典传播学理论，如培养分析、叙事框架、议程设置等解释具体的环境传播实践，试图揭示环境新闻的报道数量、频次与受众对环境议题关心程度之间的关系。但具体研究结果之间不乏矛盾之处，难以清晰描绘媒介在环境议题上对受众的观念、态度、行为等产生何种短期影响。但如学者观察到的，“媒介可能提供了一个重要的文化情境，通过这个文化情境，不同的公众获得了理解环境问题的词汇与框架，也得到了更多针对环境问题的主张的词汇与框架”[②]。21世纪以来，随着互联网以及各种应用的快速发展，在线环境新闻服务开始出现，环保团体的自我组织和社会动员也纷纷转战线上。

环境话语与修辞领域意在传统修辞学中吸取学术资源，力图考察话语的形态及其在说服层面的权力支配。在美国的环境传播研究中，这是一个比较有历史的研究取向。如前文所说，约翰·缪尔对美国国家公园的建立厥功至伟。基于他的传播实践，克里斯汀·奥拉维茨撰写了

① 考克斯.假如自然不沉默：环境传播与公共领域［M］.纪莉，译.3版.北京：北京大学出版社，2016：161.

② 考克斯.假如自然不沉默：环境传播与公共领域［M］.纪莉，译.3版.北京：北京大学出版社，2016：183.

《约翰·缪尔，优胜美地和雄浑壮丽的回应：对保护的修辞学研究》一文，揭示其成功使用的两项修辞手法“崇高感和登山者的角色”[①]。在20世纪初期优胜美地国家公园的赫奇赫奇峡谷建设大坝时，环境保存主义（preservationism）代表约翰·缪尔和环境保护主义（conversationism）代表——当时的美国林业局局长吉福德·平肖又开展过数年的论战。其间，缪尔“狂热赞美荒野自然在精神上和审美上的特质”[②]，但最终还是坚持合理有效地利用自然资源的环境保护主义获胜了。在奥拉维茨看来，后者胜利的关键在于在修辞上成功地塑造了“公共利益”并将其置于进步主义的话语框架内。[③]随着视觉文化的整体转向，以绘画、图片、电影、电视、新媒体等视觉手段去再现自然的视觉修辞实践日渐丰富，比如站在融化的冰上的北极熊的图片，可以被视为建构人们对全球气候变暖问题看法的凝缩符号。[④]在环境话语方面，除了“主导话语”和“批判话语”，学者还做了更为细致的划分。学者约翰·S.德莱泽克（John S. Dryzek）在《地球政治学：环境话语》一书中详细阐述了西方语境下的9种环境话语：生存第一主义、普罗米修斯主义、行政理性主义、民主实用主义、经济理性主义、可持续发展观、生态现代主义、绿色激进主义、绿色政治观。[⑤]

环境决策中的公众参与在西方民主语境下被视为环境治理和传播

---

① ORAVEC C. John Muir，Yosemite，and the sublime response：a study in the rhetoric of preservationism［J］. Quarterly journal of speech，1981，67（3）：245-258.

② 敏特尔. 景观革新：公民实用主义与美国环境思想［M］. 潘洋，译. 南京：译林出版社，2020：1.

③ ORAVEC C. John Muir，Yosemite，and the sublime response：a study in the rhetoric of preservationism［J］. Quarterly journal of speech，1981，67（3）：245-258.

④ 考克斯. 假如自然不沉默：环境传播与公共领域［M］. 纪莉，译 .3 版. 北京：北京大学出版社，2016：78.

⑤ DRYZEK J S. The politics of the earth：environmental discourses［M］. New York：Oxford University Press，1997.

实践的有效经验，因此也是环境传播中的研究热点。其聚焦的核心在于彰显透明度、直接参与、问责等民主原则，并且保障公众的知情权、评论权和诉讼权等法律权利的具体参与模式。事实上，环境决策中的公众参与在环境质量较好的欧盟和北美国家都已经建立了非常成熟和完整的机制。比如，欧盟整体上高度重视预警原则，即采取预防性措施保护环境。英国环境污染皇家委员会（Royal Commission on Environmental Pollution，1970—2011）和英国可持续发展战略建立的三个用于广泛咨询的机构，以及数以千计的环保NGO（非政府组织）都是推动公众参与的有效机制。德国通过立法和严谨的程序来保障公众参与和维护环境正义。瑞典构建了环境保护方面复杂且广泛的公民参与机制，包括运行良好的环境知情权立法、精心设计数据采集和存储程序、便捷访问的数据库以及污染物释放与转移的自愿登记系统等。到1970年，美国已通过三项关键的环境法律：《清洁空气法》《清洁水法案》《国家环境政策法案》。作为最后一项法案的一部分，环境质量委员会（Council on Environmental Quality）诞生了。它致力于协调联邦的环保努力，并和其他机构一起与白宫办公室密切合作，以发展环境、能源政策与规划。另一个行政和立法机制是《1980年综合环境反应、补偿和责任法案》（Comprehensive Environmental Response，Compensation，and Liability Act of 1980），它的目的在于辨别有毒污染物的责任方并责令他们清除有害物质。加拿大同期堪称公众参与和民主决策一个亮点的是著名的“麦肯齐河谷管道调查委员会”（Mackenzie Valley Pipeline Inquiry）。该委员会在1974年3月调查过一个待审批的输油管道对社会、环境和经济等方面的影响。这次调查为公众参与环境决策制定奠定了高标准，并在加拿大全国范围内形成了示范效应。[①]

环境决策中的公众参与内在地含有对环境正义的诉求，但环境正

① 赵月枝，范松楠. 环境传播理论、实践与反思：全球视角下的环境正义、公众参与和生态文明理念［J］. 厦门大学学报（哲学社会科学版），2020（2）：28-40.

义的获得途径并不仅限于此。在罗伯特·考克斯的论著中，在“公共领域”的主题统摄下，他专门辟出一章来论述环境正义、气候正义以及绿色工作运动。但在考克斯的笔下，少数族裔和低收入社区发起的抗议具有“挑战社会将自然与人的据说分离的观念”的意义，也能够“确保有关环境的决策过程更包容、民主和公正”[①]。这反映出主流环境传播学对这一议题局部的、片段的，且置于民主框架下单一审视的局限，缺乏对环境非正义得以形成的历史追问和政治经济结构探寻。

社会正义的要求和环境保护之间的张力被关注环境哲学和生态批评的学者重视。美国波士顿大学的诺曼·法拉梅利（Norman Faramelli）曾坦言：“大多数针对环境质量而建议的解决方法都将直接或间接地给穷人或低收入人口带来不利影响……如果控制污染的成本通过所有商品货物直接转移到消费者身上，低收入家庭会受到比富有群体更为严重的影响。如果新技术不能解决环境危机，而且有需要减缓物质生产，随着大批的人加入事业的洪流，这些收入微薄的家庭只会雪上加霜。”[②]伊利诺伊大学的哲学教授彼得·S.温茨（Peter S. Wenz）在他的《环境正义》一书中，从讨论正义的重要性、实质和本性谈起，继而在自由派理论、人权理论、功利主义理论、同心圆理论等之间不断质疑、回应，最后指出同心圆理论更能化解环境保护与利用之间的冲突。

（二）批判环境传播研究现状

对环境议题的关注不是主流传播学者的专利，环境问题从来没有被批判传播学忽视过。诚如阿根廷社会学家安德鲁斯·迪米特里厄所言，“从土壤、水或大气中提炼产品，即便是贴上‘负责任的’、‘经认证的’

① 考克斯.假如自然不沉默：环境传播与公共领域［M］.纪莉，译.3版.北京：北京大学出版社，2016：269.

② FARAMELLI N. Ecological responsibility and economic justice［J］. Andover newton quarterly，1970，11（11）：83-93.

或'可持续发展'的标签，这一经济过程必然伴随着污染和对水资源、能源及公共品的大量使用，这就需要在讨论社会与自然的矛盾关系时，重新审视批判传播学研究的意义"[①]。就批判传播学对环境问题的研究而言，欧美生态马克思主义学派提供了丰富的理论话语，使其能够延续反帝反资的立场和惯有的整体性、开放性的视野，着力揭示环境问题作为一种危机形式与资本主义体系之间的复杂关系。

在我国学者郇庆治看来，生态马克思主义截至目前大致经历了四个节点[②]：第一个节点是20世纪60年代末、70年代初的形成时期，以法国的安德烈·高兹（《作为政治的生态》）、马尔库塞和加拿大学者莱斯（《自然的控制》《满足的限度》）、阿格尔为代表。作为使学派得以确立的最早的一批人，他们的生态观念极其鲜明且具有强烈的政治色彩。比如高兹就认为，生态变革应成为资本主义政治变革或替代的有机组成部分。第二个节点大约在10年后，即20世纪70年代末、80年代初，并以德国学者鲁道夫·巴罗和英国学者霍华德·帕森斯最为突出。前者的代表作包括《社会主义、生态和乌托邦》《从红到绿》《创建真正的绿色运动》《避免社会与生态灾难：世界转型政治》，后者的《马克思恩格斯论生态》以摘录的方式首次整理了马克思、恩格斯的代表性论述，不仅为后来学者的深入研究提供了模板，还直接回应了马克思主义缺乏生态观点的批评。第三个节点是1991—1996年。这一时期欧洲学院派学者出版了多部关于生态马克思主义和生态社会主义的典范之作，比如莱纳·格伦德曼的《马克思主义与生态》、安德烈·高兹的《资本主义、社会主义与生态》、戴维·佩珀的《从深生态学到社会正义》和特德·本顿的《马克思主义的绿化》。其中，佩珀的《从深生态学到社会正义》继续对

① 迪米特里厄.政治经济学，生态学和新圈地运动：交叉、挑战及批判传播学［J］.俞平，译.新闻大学，2012（5）：72-80.

② 郇庆治.生态马克思主义的中国化：意涵、进路及其限度［J］.中国地质大学学报（社会科学版），2019，19（4）：84-99.

马克思、恩格斯文本做系统性梳理，对我国学界有较为广泛的影响。第四个节点是1998—2001年，是以北美学院派学者为主体的著述丰产期。比如詹姆斯·奥康纳的《自然的理由：生态学马克思主义研究》、保罗·柏克特的《马克思与自然：一种红绿观点》、约翰·贝拉米·福斯特的《马克思的生态学：唯物主义与自然》和乔尔·科威尔的《自然的敌人：资本主义的终结还是世界的毁灭？》等。

上述学者的著书立传和亲身参与环保运动可以视为一种环境传播实践。比如，约翰·贝拉米·福斯特作为独立社会主义杂志《每月评论》（*Monthly Review*）的编辑，撰写了大量揭示全球环境危机与资本主义经济危机之间关系的文章，主张选择可持续的社会主义道路的必要性。在他的早期作品《脆弱的星球：短暂的环境经济史》中，福斯特整体梳理了资本主义与自然环境退化的历史。他先声称当今的环境危机既是自然的也是社会的危机，环境退化并非生物性的或者个人选择的结果，而是根源于生产关系、技术必然性以及体现为主导社会体系特征的历史条件下的人口趋势。继而，他分析了工业革命前的生态条件，指出前资本主义时代并非生态和谐的天国；而在工业革命时期，自然和人被一步步带入全新的生产方式中，但随着环境退化日渐严重，保护运动也相应兴起；进入垄断资本主义时代后，殖民主义和帝国主义在全球范围内展开了生态掠夺；1945年以后，大型公司与科技革命联手打造了一个不断替代自然用品的人造年代。对于如何拯救这个“脆弱的星球”，福斯特最后提出需要将自然社会化，途径则是生态革命。可以说，这本书是福斯特将历史唯物主义方法运用于生态学的重要尝试。

值得一提的是，福斯特在马克思成熟的政治经济学理论著作，如《资本论》中发现了“新陈代谢”这一概念，认为它体现了马克思的生态学思想，并能够为解决当前的生态和环境问题提供理论和方法。马克思对这一概念的阐释与他对第二次农业革命和尤斯图斯·冯·李比希（Justus von Liebig）土壤化学分析的思考直接相关。

资本主义农业生产使得欧洲和北美的土地天然肥力在一两个世纪间就严重退化，成为19世纪这些地区最为显著的环境问题。欧洲的农场主甚至挖掘古战场地下墓穴的尸骨或从秘鲁海运海鸟粪来补充肥料。资本主义农业对肥料的迫切需求带动了现代土壤科学的兴起以及相应的第二次农业革命。"第二次农业革命持续时间较短，从1830年到1880年，以化肥工业的增长和土壤化学的发展为特征，特别与李比希的著作相联系。"[①]尤斯图斯·冯·李比希在《农业化学》(1840)中首次令人信服地阐述了诸如氮、磷、钾等土壤养分在植物生长中的作用。但在化肥生产技术广泛应用之前，李比希的观点强化了资本主义农业的危机感，他自己也转向了对资本主义的生态批判。他继承并发展了政治经济学家亨利·凯里(Henry Carey)的观点：由城乡分离和农业生产者与消费者的分离导致的远距离贸易是土壤养分净流失和农业危机不断加剧的主要原因。李比希还提出本是良好天然肥料的人类和动植物的排泄物不但没能循环反馈给土壤，还造成了城市污染。[②]

这些观点都影响了马克思，从而提出了新陈代谢断裂理论。福斯特论证，新陈代谢处于马克思理论的中心，意指"通过劳动建立人类和自然相互连接的、复杂的、相互依赖的过程"[③]。马克思对这一概念的运用分为狭义和广义两个层面。在狭义层面，这一概念被马克思用来批判资本主义条件下大规模农业和大规模工业对人类的自然力(劳动力)和土地的自然力(肥力)的破坏。在资本主义大工业和大农业作为同一过程逐渐兴起的过程中，农业人口锐减并转变为工业人口涌向城市，这期间，土地的组成部分以生命本身必需的衣食形式远距离运送至城市，从

---

① 福斯特.马克思的生态学：唯物主义与自然［M］.刘仁胜，肖峰，译.北京：高等教育出版社，2006：165.

② FOSTER J B. Marx's ecology：materialism and nature［M］. New York：NYU Press，2000：149-154.

③ FOSTER J B. Marx's ecology：materialism and nature［M］. New Yorky：NYU Press，2000：159.

而破坏了土地肥力持久保持的可能性，产生了土壤构成成分系统性恢复的断裂。不仅是土地，工人也是这个过程中资本主义生产方式的剥削对象，而马克思将二者视为一切财富的源泉。人和土地之间的新陈代谢过程出现断裂这一现象具有全球性特征，比如，英国为解决地力枯竭的问题，需要从遥远的秘鲁运输海鸟粪来施肥。对此，马克思评论道，资本主义条件下的农业不是自给自足的，资本不能保障土壤养分循环所需的必要条件。此外，福斯特指出马克思对劳动过程的理解根植于新陈代谢的概念。[①]劳动被视为自然和社会之间物质交换过程的中介，“实际劳动是为了满足人的需要而占有自然，通过这种活动人和自然之间的物质交换活动得以调节”[②]。

福斯特认为，马克思广义层面上使用的“新陈代谢”是指在普遍的商品生产条件下，“首次建立起来的一种整体的社会物质变换、普遍的关系、多种需求以及全面能力的体系”[③]。它描述的是复杂的、动态的、相互依赖的一系列需求和关系（它们虽然已经形成，但在资本主义体系下总是被异化的再生产）以及由此带来的人类自由的问题。所有这些都与经由人类具体的劳动组织机构表现出来的人类与自然之间的新陈代谢关系相关。因此，新陈代谢概念就既有特定的生态学意义，还具有更广泛的社会学意义。[④]广义的新陈代谢与狭义的新陈代谢直接相关。正如上文所述，劳动是人与自然新陈代谢关系的中介。但人类的劳动过程是存在于由一系列不同需求和关系组成的网络中的，人类的劳动所得——或者确切地说，人类经由劳动与自然物质交换所得——也需要在这个

① FOSTER J B. Marx’s ecology：materialism and nature［M］. New York：NYU Press，2000：155-157.

② FOSTER J B. Marx’s ecology：materialism and nature［M］. New York：NYU Press，2000：157.

③ FOSTER J B. Marx’s ecology：materialism and nature［M］. New York：NYU Press，2000：158.

④ FOSTER J B. Marx’s ecology：materialism and nature［M］. New York：NYU Press，2000：158.

网络中进行交换、分配和消费。正如福斯特援引蒂姆·海沃德（Tim Hayward）的观点所说："……这种新陈代谢在自然方面由掌管各种涉入其中的物理过程的自然法则调节，在社会方面则由掌管劳动分工和财富分配的制度化规范调节。"[①]而在资本主义生产方式和社会制度下，不仅自然法则被破坏形成自然的异化，还出现了劳动和社会关系的异化。

在福斯特看来，马克思的"新陈代谢"概念本质上构成了生命得以维系、增长和再生产的基础，而"新陈代谢断裂"则表达了资本主义社会中人类与其生存必需的自然条件之间的物质疏离。[②]从这个意义上看，从19世纪马克思关注的土地肥力丧失到如今全球范围内的气候变化等各种生态环境问题，都是人与自然之间新陈代谢断裂出现并加剧的表现。

生态马克思主义的学者对环境与资本主义体系之间关系的谈论不可谓不深刻，但对传播的观照明显不足。对此，拉美学者安德鲁斯·迪米特里厄在《政治经济学，生态学和新圈地运动：交叉、挑战及批判传播学》一文中做出进一步阐释："生态环境远离20世纪60年代以后出生的中产阶级生活，然而在工业化地区和城市中污染却是随处可见，例如伦敦的烟雾或被污染的河流。因此，生态环境一直都是全球反资本主义、反帝国主义斗争的组成部分。生态和传播之间的勾连与平行对应关系对于克服理论上的本质主义是至关重要的。同时，当前人们通常将媒体及相关技术（媒体中心主义）视为社会意义生产的主要，甚至几乎是唯一的物质条件。对于这一失之偏颇——如果尚不能称为偏激的观点，意识到生态和传播之间的勾连与平行对应关系亦有矫正作用。在考察淡化处理负面结果和马克思的'代谢断裂'时，首先检验这些局限非

① FOSTER J B. Marx's ecology：materialism and nature［M］. New York：NYU Press，2000：159.

② FOSTER J B. The ecological revolution：making peace with the planet［M］. New York：Monthly Review Press，2000：180.

常必要。”[①]作为一种检验局限的尝试，加拿大环境传播学者肖恩·冈斯特（Shane Gunster）的视角更为聚焦。北美福利社会时代，媒体在环境保护方面的建树与坚持随着新自由主义浪潮中媒介系统向利益驱动的商业化转型而江河日下，甚至在一定意义上成为环境危机的催化机制。这种催化性得益于遍布大众媒体毛孔中的经济增长的渴望与消费主义文化的宣扬。它们已经与政治、经济、文化乃至日常生活深度交织，构建着个人与集体的身份认同，弱化对更加绿色的生活方式的想象空间。肖恩·冈斯特在《媒介、传播与环境危机：限制、挑战与机遇》一文中归纳了北美以媒体为基础的消费文化在阻碍公众参与以及环保动员方面的三种机制：第一，全球化市场阻止消费者思考满足他们的消费需求会对环境产生何种影响，因为消费文化依赖并强化生产与消费世界的分离。第二，消费文化创造性地促进“绿色消费主义”来适应和整合外部批评。消费者和企业之间沟通渠道的结构性不平衡也意味着许多企业发现相较于改变他们的实际运作，通过“洗绿”机制改变企业形象更简单、更便宜。第三，消费文化高度促进消费者主权和机构个性化观念的形成，从而侵蚀了集体形式的政治行动的可能性与吸引力。[②]

二、我国环境传播研究现状

从环境传播实践来说，中国历代知识分子都是某种程度上的践行者。大量脍炙人口的田园诗、塞外诗，还有山水画、花鸟画，都是这方面的宝贵遗产。它们既反映了中国知识分子寄情山水的情怀，又彰显了中国独特的“天人合一”的自然观。与西方自然神学中将人与自然界对

---

① 迪米特里厄.政治经济学，生态学和新圈地运动：交叉、挑战及批判传播学［J］.俞平，译.新闻大学，2012（5）：72-80.

② 冈斯特.媒介、传播与环境危机：限制、挑战与机遇［J］.纪莉，译.全球传媒学刊，2012（1）：35-52.

立分隔开来不同，我国古代哲学中的"天人合一"强调人与自然是相通的，能够达到和谐。虽然受到中国历史发展路径的干扰甚至阻断，但作为一种文化底蕴的"天人合一"思想在今天依然影响着人们对自然环境的认识，从而成为指引当代中国环境传播必不可少的思想武器。

近代以来，中国既定的发展道路被资本主义全球扩张的殖民侵略打断。在争取民族独立的近一个世纪中，救亡图存是唯一的时代主题。新中华成立后，中国重新开启迈向现代化之路。环境议题以人口、能源、土地等形式纳入经济规划与分配体系中。然而必须强调的是，即使在特定的时代也不乏坚守人与自然和谐关系的案例，比如高西沟村和它的"三三制"模式，《人民日报》在1962年还专门对此发表社论《群众自办水土保持的范例》。正是在这个意义上，我们认为在环保理念尚未进入官方主流意识和话语的历史时期，中国的环境传播实践中就蕴藏了多种维度的发展可能和空间。

环保理念进入官方意识始于1972年在斯德哥尔摩召开的人类环境会议。1983年，环境保护被确立为基本国策。随后，中国第一份专业环境报纸《中国环境报》在1984年诞生了。时至今日，自觉的环境传播实践已经走过近40年。概括而言，这期间中国环境传播经历了一些重大变化：首先，从传播主体上来看，政府一直是我国环境传播中的主导力量，30多年来参与环境传播的主体队伍也在不断壮大。除了政府机构，纸媒、广播、电视是20世纪90年代中期以前的主要传播主体，90年代中后期开始，民间组织、企业以及互动新媒体开始加入，2005年以后，在一些与环境问题相关的邻避运动中出现了普通公众的身影。其次，从传播的内容上看，20世纪80年代的代表作品，如《中国青年报》的"三色"报道和《伐木者，醒来！》、广播节目《救救香山的红叶》和《还昆明湖一池清水》等，侧重表达精英知识分子在面对生态环境被人为破坏时的惋惜之情与悲情呐喊。20世纪90年代，受当时舆论监督风潮的影响，环境传播在新闻领域出现了反思环境问题根源和社会影响的理性化趋势。21世纪以来，环境传播的视野更开阔，关注的内容扩展至食品安全、环境正义、公众参与、环境法规制定与执行以及生态外交等。最后，从传播的方式上看，如果说报告文学是20世纪80年代末、90年代初环境传播的主要场域，那么90年代中后期，这个场域不仅移植到诸如“中华环保世纪行”这类大型环保活动中，更在全国大大小小新闻机构的环保栏目或节目中开花结果。这之后，新媒体的加入极大地丰富了环境传播的方式，成为多元声音交流碰撞的平台。此外，广告、纪录片、电影、中国画等领域中也渐渐出现与环境议题相关的作品。

然而，我国的环境传播研究仍处于早期发展阶段。目前，国内与环境传播直接相关的论著渐丰，有代表性的作品包括《电视媒体中的生态文明与环境价值观传播研究》（柴巧霞，2019）、《电视媒体中的环境公民身份建构研究》（柴巧霞，2017）、《环境风险社会放大的传播治理》（邱鸿峰，2017）、《环境传播：议题、风险与行动》（戴佳、曾繁旭，2016）、《中国农村的环保抗争：以华镇事件为例》（邓燕华，2016）、《绿色的推进力：转型时期中国环境运动中的媒体角色研究》（覃哲，2016）、《绿色关系网：环境传播和中国绿色公共领域》（徐迎春，2014）、《环境传播：话语变迁、风险议题建构与路径选择》（郭小平，2013）、《环境传播：话语、修辞与政治》（刘涛，2011）、《中国环保传播的公共性构建研究》（贾广惠，2011）、《全球议题的专业化报道：气候变化新闻实务读本》（贾鹤鹏、张志安，2011）、《传播语境中的女性与环保》（马德雷德·莫斯科索，刘立群译，2006）。

柴巧霞的两本论著以电视媒体为分析场域，关注生态文明关键的传播与受众的内化。《环境风险社会放大的传播治理》以环境风险社会放大的传播治理为主题，按照治理主体的类型整合“媒介”“公众”“政府”三个篇章，分别阐述媒体在环境风险的建构、传播与治理中的角色；公众的人口学特征、环境价值观、社会信任与政治效能对其风险反应的影响；作为主导风险决策者和管理者的地方政府在风险传播与治理中的作用。《环境传播：议题、风险与行动》结合多种环境议题，考察了媒体环境话语特征与框架演化，揭示了不同传播主体围绕环境议题的互动逻辑。《中国农村的环保抗争：以华镇事件为例》以华镇事件为案例，探讨当代中国农民环保集体抗争成功的机制。《绿色的推进力：转型时期中国环境运动中的媒体角色研究》试图回答中国有几种类型的环境运动，其间大众传媒如何发挥以及实现着它的角色等问题。《绿色关系网：环境传播和中国绿色公共领域》关注的核心是中国绿色公共领域建设问题。该书将普通公民、传统媒体和新媒体、民间组织视作公共领域中的利益诉求方，梳理了他们对环境传播机制的建构。《环境传播：话语变迁、风险议题建构与路径选择》是一本对环境传播研究得比较全面的论著。它首先对中西方环境新闻、环境传播的阶段性演变做了梳理，然后论述了环境话语的变迁、环境理念的嬗变以及环境报道的转型，最后总结风险社会中环境传播的媒体功能。在对媒介的关注方面，该书不仅关注了报纸对环境议题的呈现，还关注了影视媒体以及近年来如火如荼的新媒体；在对传播主体的关注方面，该书分析了环境新社会运动、环境群体性事件以及非政府组织（NGO）等与媒体的沟通。《环境传播：话语、修辞与政治》的贡献不仅在于比较完整地介绍了西方环境传播的概念和研究情况，提出了环境传播研究的九大范畴，还整理归纳了西方环境传播中现存的多种话语。更重要的是，该书还指明环境议题始终内嵌于特定的政治、经济、文化语境中，成为不同主体话语争锋的对象。《中国环保传播的公共性构建研究》立足于中国的环境传播实践与历史，试图探寻具有明显公共性的环境议题在传播实践中对公共领域构建的影响。《全球议题的专业化报道：气候变化新闻实务读本》偏向于新闻实务方面。它不仅介绍了气候变化的科学问题，还分析了气候变化在政治、经济领域带来的新影响。在此基础上，该书结合英国的相关报道实践，具体论述了在气候变化不断带来新的报道挑战时，记者可以采用何种应对性的报道策略。《传播语境中的女性与环保》是一部介绍东南亚国家的环境传播状况，强调女性在提升环保方面能力的理论专著。

至于该领域的论文发表情况，笔者在知名学术期刊网络“中国知网”上进行检索。这里需要做几点说明：第一，1983年第二次全国环境保护会议上，环境保护被列为国策，现代环境意识被正式引入政治议程。因此在检索论文发表情况时，时间起点选在1983年。第二，气候变化近年来成为环境领域的热门话题，有关气候传播的文献也逐渐增多。因此，“气候传播”需要单列为一个关键词搜索。因此，笔者利用“中国知网”的高级搜索功能，将时间限定为1983年1月1日—2024年6月30日，以“篇名”作为搜索项目，关键词为“环境传播”“环保传播”“环境新闻”“气候传播”（四者为“或含”关系），在“学科”分组中选择“新闻与传媒”，之后进行跨库搜索。在排除无关论文后，共得到577篇论文。其中，学术期刊文献414篇，学位论文129篇，会议论文11篇，图书1册。

第三节　反思维度：当前环境传播研究的局限

对当前国内外环境传播研究的反思，需要在认识到环境议题与政治、经济、文化存在复杂广泛联系的前提下，在全球化的视野中，在重新思考中国式现代化和探讨新时代中国传播学转型的框架下进行。

一、西方主流环境传播学的“公器论”与“去政治化”

所谓“公器论”是指西方传播学中常见的一种观念倾向，即将基于大众媒介的传播视为一种公共领域。20世纪80年代，为对抗主流媒体对于核工业蓝图的呼唤和渲染，英国和德国出现了一种另类的媒体声音。西方学者将这种声音形成的特殊的替代性空间称为"绿色公共领域"。绿色公共领域强调非主流的、对抗性的话语，如增长极限的不可避免性、保持自然平衡的重要性、拒绝人类中心主义价值观的必要性等，从而保证特殊阶层/群体能够拥有自己的话语特权，保证他们的知识理念能够得以推行。西方环境传播在绿色公共领域的研究中尤为重视借助公共舆论实现绿色启蒙，以积累挑战工业主义话语合法性的舆论资本。

这或许能够解释为什么像罗伯特·考克斯这样在环境传播方面享誉全球的学者将其论著命名为《环境传播与公共领域》。考克斯对"公共领域"一词有着极大的热情。与最早提出这一赫赫有名的学术概念的哈贝马斯相似，考克斯坦言，他所定义的公共领域是"一种产生影响的领域。当个体就共同担忧的话题或影响着跟广泛地区的主题进行交流时，无论是通过谈话、讨论、辩争或是质询的方式，产生影响的领域就被创造出来了"[①]。但就环境议题而言，在私人的担忧与公共的行动之间还隔着私人领域、科技阐述乃至修辞艺术。作为一名主流环境传播学者，在考克斯的观点中，公共领域是环境传播得以实践的话语空间，这里面充斥着诸如市民、社群、环境团体、科学家、企业/企业游说者、反环境主义者、媒体机构、记者、官员等不同主体的声音。这些不同主体围绕特定的环境议题，在亲朋之间的闲聊、网络博客上的自陈、对社区官员的质询、给电视节目的线索提供等行动中，生成借助于语言、影像、图片等各类符号的象征性行动，以吸引他人的注意，进而表达、调节人们对自然环境相关议题的认知、态度乃至行为。所以，从这一点上我们能够进一步理解缘何考克斯将环境传播视为既是实用的也是建构的。另外，正如公元前5世纪希腊人每日在广场聚集讨论一样，为了自如地表达和影响他人的判断，修辞技巧是必备的功夫。这也解释了为何西方主

① 考克斯.假如自然不沉默：环境传播与公共领域［M］.纪莉，译.3版.北京：北京大学出版社，2016：28.

流环境传播学中有着悠久的修辞学传统，而考克斯本人也高度重视修辞艺术在关于环境的意义争夺上的价值。毕竟修辞手段使用得当与否直接影响到某类主体或某项环境议题在公共领域中获取重视的等级。而鉴于环境议题与科学技术阐述的密切关联，科学家或者技术权威在绿色公共领域中更容易获得优势位置。这已经引起西方学界对公共领域是否会由此衰落的担忧。

这种公共领域因为蕴含丰富的声音与多样的风格，被视为具有参与式民主的特征。这样一种共识不仅天然地内在于主流传播学者的意识中，而且也是大量西方国家得以获取当今较为优质环境质量的有效治理经验。如前文所述，欧美发达国家自20世纪70年代以来制定的大量环境治理政策、法律条文的背后都能看到这种带有公众参与式民主的公共领域的塑造和维护的影子。质言之，西方主流环境传播学的“公器论”，一方面是基于西方国家数十年来环境抗争与治理的传播实践经验，另一方面则是为其民主制度背书。然而，一旦联系地、历史地、全球地看待环境问题时——诸如气候变化一类的环境问题从来没有国界线，而且形成根源更是能够追溯到二百年前西方发达国家的工业化进程，西方主流环境传播研究在以下几个方面就显得捉襟见肘了。第一，大众媒体作为现代社会重要的公共领域机制，它在环境传播的信息封装、流通与意见引导方面的重要性不言而喻，但它天然是具有公共性的吗？或者说，它是各类主体可以自由出入、公开公平表达的自由空间吗？第二，西方主流环境传播学对环境传播的伦理性思考无疑具有强烈的公共性特点，然而它是否能够在揭示环境问题与生产关系的内在关联层面去调节、改变人们对自然环境的认知呢？第三，诚然，在环境议题上绿色公共领域在一国之内实现了某种环境正义，但在全球化的当下，这种一国之内的环境正义是否会对其他国家产生全然不同的效果？

针对第一点，欧美国家自20世纪80年代经历了向新自由主义的转型，各自的媒体系统步入竞争更为激烈的商业化阶段。赫赫有名的美国

《1996年电信法案》就标志着欧美国家开启新一轮对传媒产业的放松管制，导致了世界范围内传媒产业的市场重构和垄断竞争。在传媒业本身就处于利益主体纷繁复杂的关系网络的前提下，其作为公共领域机制的可能性与有效性远远不及其作为财团、跨国公司等资本相关利益主体的代言人更为可信。就环境议题而言，大众媒体能够为社会不同阶层释放多大的呈现与表达空间是极具弹性的，尽管新媒体的出现和普及对此有一定的扭转。单就环境议题的信息封装与流通而言，在传统新闻价值观和平衡报道等惯用原则下，大众传媒的环境信息呈现的准确性和可靠性常常力有不逮。此外，新兴技术带来的媒介融合的广泛冲击正在改变大众传媒的商业模式，在全面向线上转移的过程中伴随着大量媒体裁员和科学专业知识的流失。耶鲁气候变化与媒体论坛编辑巴德·沃德（Bud Ward）说：“当整个队伍都面临‘被腰斩’时……很难让记者们去关注气候报道。”资深电视记者约翰·戴利更为直接：“大部分有着最好装备、在新闻媒体尤其是本地媒体上……报道环境和气候变化问题的记者，正在被‘干掉’。”①

针对第二点，如前文所述，主流环境传播学代表学者考克斯曾经提出广受关注的四项环境传播应当承担的伦理责任。诚然，这种环境伦理责任担当提出的出发点是善意的，但是如果将其放在一个结构性的资本主义生产关系和消费主义文化氛围中去审视，就不难发现，考克斯倡议的环境伦理具有明显的遮蔽性。最重要的是，它回避了追问环境问题的根源。当前人们可以感受到的各类环境问题与资本主义生产关系的内在联系是透明的、搁置的，是不应、不能也不必论及的。而在这样一种前提下去诉诸个人层面的公共表达能力培养乃至社会层面上环境决策中的民主参与保障，一方面忽视了嵌入生产关系中的消费主义对公共性的侵蚀；另一方面它以凸显并放大公民个体权限和能动性的表面现象，内在

---

① 考克斯.假如自然不沉默：环境传播与公共领域［M］.纪莉，译.3版.北京：北京大学出版社，2016：184-186.

地限制了以集体形式重塑人与自然和谐关系的想象空间。

针对第三点，西方国家大多也曾经历过严重的环境污染阶段，其获得当前较为优质的环境质量与国内民众正义诉求的抗争有着密不可分的关系。但历史地看，西方国家内部的环境正义维护在资本的空间化——“资本的逻辑通过借助空间从而使自身转变成为现实的社会存在的过程”①中，结合后发国家发展工业化的动机，衍生出显著的“外部性”。具体而言，在发达资本主义国家内部出于环境正义维护的种种公众参与举措以及随即而来的立法监管，不仅无助于切断资本主义生产关系在当代环境问题上作为一种“因”的存在关系，还在发达资本主义国家已然存在的国际强势地位的前提下，以辅助后发国家追赶现代化进程的名义，促成高消耗、高污染等制造业向后发国家转移，最终导致全球范围内环境非正义的“果”。

以上这三点共同指明了西方主流环境传播学的“去政治化”倾向。

二、中国环境传播学研究的话语依附性与欠缺主体性

我国环境传播学研究的话语依附性集中表现在研究取向、分析框架与理论术语大量源自西方环境传播理论。前文所述的西方主流环境传播学的“公器论”倾向极大地影响了国内环境传播的研究取向——绿色公共领域是目前我国环境传播研究中最为显著的重要分支，并且已经问世了一批专著与论文，比如《绿色关系网：环境传播和中国绿色公共领域》《中国环保传播的公共性构建研究》《“绿色话语”生产与“绿色公共领域”建构：另类媒体的环境传播实践——基于“垃圾议题”微信公众号L的个案研究》《论环保公共舆论空间的构建》等。这类研究从我国转型社会的现状出发，联系近些年接连出现的环境事件以及相应的

① 张梧. 资本空间化与空间资本化［J］. 中国人民大学学报，2017，31（1）：62-70.

社会运动，探究新老媒体在环境运动和民主政治中的角色及其社会动员功能。目前，这一取向的研究热点包括环保NGO与媒体的互动关系、NGO的媒体策略、环境议题的媒介呈现、民间议题如何经媒体发酵被纳入政府议程等。不仅如此，环境传播中惯常使用的危机传播、风险社会、话语与修辞等分析框架与相关理论术语也大量来自国外。需要强调的是，一些学者在认识论层面上的"中国目的论"——用中国的实践验证西方理论，也反映出环境传播对西方理论的依附性。比如有学者在其论著的研究立场上明确表明"试图进一步将西方环境传播理论与中国现状进行融合，将中国语境、中国问题作为出发点，从而反思并促进西方理论"[①]。也有学者坦言，中国传播学在门类（包括但不限于环境传播、政治传播、健康传播、科技传播等）搭建层面逐渐与西方对接，在研究层面和理论框架上依然无法摆脱西方的阴影。[②]可见，中国环境传播学的知识生产存在结构性的矛盾，亟须树立自身的主体性。在复旦大学新闻学院执行院长张涛甫看来，"这一矛盾的本质是对他者学术话语的重度依赖和对中国现实语境的路径偏离"[③]。已有的实证研究也能够证实这点。有学者搜集了2012年末至2022年末近10年间发表在CSSCI（中文社会科学引文索引）收录的7种新闻传播类期刊上的所有关于环境传播的研究论文，并对之进行系统梳理。研究发现："学界对'环境传播'的定义依然沿袭了西方学者的经典定义，并没有充分结合我国的实际情况，就这一概念的内涵及外延做出本土化的权威性界定……近10年来我国学者逐步强化了从理论逻辑切入研究环境传播问题，框架理论、议程

① 戴佳，曾繁旭. 环境传播：议题、风险与行动［M］. 北京：清华大学出版社，2016：7.

② 刘涛. 环境传播：话语、修辞与政治［M］. 北京：北京大学出版社，2011：1.

③ 王欣钰，王金鹏. 探讨新时代中国传播学转型方向［EB/OL］.（2022-04-27）. http://xinwen.cass.cn/sy_50320/zdtj/zxxsgd/202204/t20220427_5405529.shtml.

设置、沉默的螺旋等传播学经典理论在相关研究中占据一席之地，同时在研究中充分借鉴了公共协商、风险社会等诸多社会理论……背后也反映出我国学者尝试跳脱出西方既定的理论框架，从马克思主义与中国实际的再度结合这一思路出发，来勾勒具有中国特色的环境传播理论的宝贵尝试。”①

事实上，主体性欠缺不独为环境传播领域所有，它是中国传播学研究长期被关注的议题。换言之，环境传播作为中国传播研究的重要分支领域，同样呈现出这个学科自治性和自主性不强的问题。②传播学学科自主性不强的首要原因在于它的“先天不足”。对于中国乃至其他众多发展中国家而言，被重点引入和借鉴的是以美国为代表的经验主义传播学。但即使在美国，面对诸如政治学、社会学、心理学等底蕴深厚、高手如云的学科，传播学也显得家底薄、身子弱、地位轻。在施拉姆努力建制化、学科化美国的传播学过程中，传播学一直作为一个流动的、开放的多学科交会的十字路口，迎来送往着政治学、心理学、社会学、语言学、经济学、人类学等各学科的一流学者。花开并蒂并不一定就能如鼓琴瑟。靠多学科支援起家的美国传播学难以走出一条并轨之路，更遑论形成统摄性的中心理论。

除了传播学学科自身主体性不强的因素，我国传播学理论创新能力也有待开发。众所周知，我国的传播学发展得益于“外援”。1982年春季，被誉为传播学集大成者的威尔伯·施拉姆访华并做了一场传播学的学术报告，“这次西方传播学者的正式报告和交流被认为是中国新闻学界第一次正式而直接地与西方传播学者进行的学术对话”③，即传播学被

① 李明，曹济舟. 话语变迁、主体演进与本土化反思：中国环境传播10年研究综述［J］. 传媒观察，2023（3）：70-79.

② 张涛甫. 影响的焦虑：关于中国传播学主体性的思考［J］. 国际新闻界，2018，40（2）：123-132.

③ 胡正荣. 面向未来　转型升级：中国传播学再出发［J］. 新闻记者，2022（5）：3-6.

引入中国的开端。大约半年后，这次学术报告的主要参与者中国社会科学院新闻研究所举办了第一次全国传播学研讨会，并确立了中国传播学发展的方针——"系统了解，分析研究，批判吸收，自主创造"[①]。在中国传播学已经过了不惑之年的时候再回望，不难发现，这十六字方针在"自主创作"方面还不尽如人意。目前已经融入甚至改变我国新闻传播学知识结构的理论框架与研究范式都属于典型的他者知识。而联系前文所述，影响中国新闻传播学最突出的美国传播学本身就存在着自主性不强的尴尬局面，这无疑进一步加大了我国传播学主体性不强的问题。于是，看似光鲜的外来理论瓷砖被不停地粘贴在中国问题的墙面上，但贴得牢不牢——能否回应中国当下的时代之问，令人怀疑。因为无论是美国的经验传播学研究，还是欧洲的批判传播学研究，都是基于各自国家的问题和需要成长起来的。

从这个意义上来说，解决中国传播学主体性的问题必须要根植于中国实践。2016年5月17日，习近平总书记在哲学社会科学工作座谈会上指出，"要按照立足中国、借鉴国外，挖掘历史、把握当代，关怀人类、面向未来的思路，着力构建中国特色哲学社会科学，在指导思想、学科体系、学术体系、话语体系等方面充分体现中国特色、中国风格、中国气派"[②]。这之后，新闻传播学学界也开始集中讨论中国传播学转型升级再出发等系列问题。鉴于"生态文明建设从理论到实践都发生了历史性、转折性、全局性变化"[③]，我国环境传播有望根植于中国生态文明建

① 赵月枝.新时代呼唤中国传播学范式转型：兼谈斯迈思的开创性贡献［J］.新闻记者，2022（5）：18-23.

② 习近平.在哲学社会科学工作座谈会上的讲话（2016年5月17日）［EB/OL］.（2016-05-19）. https://news.cnr.cn/native/gd/20160519/t20160519_522178374.shtml.

③ 新华社.习近平在全国生态环境保护大会上强调：全面推进美丽中国建设　加快推进人与自然和谐共生的现代化［EB/OL］.（2023-07-18）. https://www.gov.cn/yaowen/liebiao/202307/content_6892793.htm.

设实践，从环境传播的真现象、真问题出发，创新环境传播话语，提升传播学主体性，为构建中国特色传播学的学科体系、学术体系、话语体系做出有益的贡献。

第三章　方法：“以中国为方法”

正如上一章所言，在世界正经历百年未有之大变局，中国与世界形势正发生深刻变化的大背景下，中国的环境传播研究需要积极探索并构建有解释力和影响力的话语体系。“以中国为方法”在20世纪90年代的哲学和文化史研究中被积极讨论，而今在中国哲学社会科学加快构建有中国特色的学科体系、学术体系和话语体系的背景下，“以中国为方法”成为一种共识。基于生态文明建设的中国环境传播需要从对与环境问题得以形成有着内嵌关系的现代化的反思中，从对人与自然和谐共生的中国式现代化的阐释中，从对丰厚的历史文化和本土生态智慧的挖掘中，以全新的话语，清楚地表达并有效地传播我国现代化绿色转型的理念认知和自觉追求。

第一节　“以中国为方法”与中国式现代化

一、“以中国为方法”

20世纪民族解放运动胜利以来，在世界各国追寻现代化的道路上，西方国家因历史因素和先发优势，成为发展中国家反抗的敌人、竞争的对手和学习的对象。而在西方的知识结构和方法谱系中，包括中国在内的大量发展中国家往往成为它们的个案或者研究对象。换言之，第三世界鲜少能够超越西方知识和话语体系来言说自己，从而显示出深远的文化和知识危机。在这样的背景下，“一种以中国、亚洲，乃至是第三世界为方法、目的和归宿的研究思维正在不断形成、构建之中。从1960年代的日本竹内好提出的‘作为方法的亚洲’到沟口雄三的‘作为方法的中国’、印度查吉特的‘国族主义思想’，从1930年代费孝通的《乡土中国》到1990年代贺雪峰的《新乡土中国》、新世纪中国台湾的陈光兴的《去帝国：亚洲作为方法》，这些研究都呈现了一种极为可贵的地域空间文化意识和浓烈的建立中国话语、亚洲话语的本土性文化运动意味”①。

需要强调的是，这里所说的“方法”并不是在工具理性意义上而谈的。“‘以中国为方法’的中的‘方法’不是讲的学术研究‘上手’的具体方法，而是一个方法论，指的是研究者的立场、价值观、看问题的视角、研究目的、思维框架、提问题的方式等。”②从这个意义上来说，人文社会科学里不乏以国家作为方法的，比如古希腊哲学、法国结构主义、美国实用主义等。就传播学而言，经验学派主要兴起于美国，批判学派则来自欧洲大陆，背后也有着各个国家文化传统和思维特点的动因。

近年来，日本思想史家沟口雄三提出的“作为方法的中国”影响极大。他以对比的视角指出，日本对欧洲的关心与印象底层横亘着对欧洲近代的印象，而对中国的研究与兴趣则缺乏以中国近现代为触媒。摄取

① 张丽军.以“乡土中国”为方法：对当前乡土文学研究的思考［J］.时代文学（上半月），2011（11）：216-219.

② 吴予敏，于晓峰.中国传播研究如何做到“以中国为方法”：吴予敏教授访谈录［J］.中国网络传播研究，2022（1）：3-19，200-201.

中国文化的动机完全来自日本内部的文化传统。沟口雄三将这种日本中国学研究称为"没有中国的中国学"。事实上，这也反映出在日本，或者也包括其他国家，对中国的研究一直沿用着以世界或者欧洲作为审视标准。"以往以中国为'目的'的中国学……把世界作为方法来研究中国，这是试图向世界主张中国的地位所带来的必然结果。为了向世界主张中国的地位当然要以世界为榜样、以世界为标准来斟酌中国已经达到了什么程度（或距离目标还有多远），即以世界为标准来衡量中国，因此这里的世界只不过是作为标准的观念里的'世界'、作为既定方法的'世界'……这样的'世界'归根结底就是欧洲……"对此，沟口雄三认为要反思以西方的现代性作为衡量中国的唯一尺度的知识束缚，"通过'世界'来一元地衡量亚洲的时代已经结束了。只要就相对的领域达成共识我们可以利用中国、亚洲来衡量欧洲"，进而主张"以中国为方法，就是以世界为目的"。在他看来，"以中国为方法的世界，就是把中国作为构成要素之一，把欧洲也作为构成要素之一的多元的世界"，"通过中国来进一步充实我们对其他世界的多元性的认识"，"从中国的内部出发，根据中国的实际情况，试图发现相对于欧洲原理的另一种譬如中国原理"。相应地，沟口雄三所说的以世界为目的，"就是要在被相对化了的多元性的原理之上，创造出更高层次的世界图景"。①

那么，如何理解或者践行"从中国的内部出发，根据中国的实际情况"呢？沟口雄三在他的多部论著中都分享了一个案例——反"洋务派"的刘锡鸿。②刘锡鸿曾深度考察欧洲，但与同期其他考察欧洲的洋务派人士不同，他反对修筑铁路、建造军舰，主张"礼仪治"。因此也被秉承西方现代化视角的文献书籍定义为"中国近代经济思想史上的堂

---

① 沟口雄三. 作为方法的中国［M］. 孙军悦，译. 北京：生活·读书·新知三联书店，2011：130-133.

② 沟口雄三. 作为方法的中国［M］. 孙军悦，译. 北京：生活·读书·新知三联书店，2011：252-279.

吉诃德式的人物”“反对资本主义发展的顽固派”。但沟口雄三在丰富的史料中发现了刘锡鸿的复杂性：他是从儒家传统万物一体的以仁为基础的农本主义视角，去看待欧洲使民乐=仁义可以充实的器物；刘锡鸿把仁义视为东西方都具备的东西，但反对将西方的器物移入则是因为中国不具备相同条件下的民乐=仁义。沟口雄三借助“以中国为方法”的分析，揭示出刘锡鸿认同的东西双方在独自性基础上的人类普遍主义，甚至追问了历史突入现实的可能：“在现代社会中，这种民乐的仁义思想处于什么位置为好呢？……我认为，在这里具有开创未来时代原理的重要启示。”①

“以中国为方法”无疑能够极大启发从中国自身的历史经验、文化传统和发展逻辑去思考中国问题。而鉴于环境问题一直是现代化发展的伴生物的存在，“以中国为方法”能够帮助我们思考中国式现代化及其蕴含的生态观。同时，它也促使本土生态智慧和历史经验成为环境传播构建有影响力的环境传播话语的重要理论资源。

二、中国式现代化及其生态观

沟口雄三是在反思西方现代性的时候提出了“以中国为方法”。同样地，中国在从传统社会向现代社会的演变中也走出了从中国实际出发、满足中国实际需求的中国式现代化道路。中国式现代化首先是在中国共产党领导下的百年探索与创新中成就的鲜活生动的历史事实归纳，继而又是基于历史事实的理论抽象总结，更是面向未来现代化实现路径的替代想象。鉴于环境传播的核心对象——环境问题一直是现代化进程的伴生物，中国式现代化的提出对中国环境传播的发展具有双重意义。一方面，中国式现代化赋予中国环境传播新的使命，即寻求西方现代化

① 沟口雄三. 日本人视野中的中国学［M］. 李甦平，龚颖，徐滔，译. 北京：中国人民大学出版社，1996：200.

理论框架之外的理论视野与研究工具。另一方面，中国式现代化赋予中国环境传播新的任务，即从观照中国、回应时代的角度出发，对内对外清晰阐述中国式现代化蕴含的生态观、生态文明建设的宝贵经验，构建有影响力的环境传播话语体系。

早在2021年7月，习近平总书记在庆祝中国共产党成立100周年大会上的讲话中就提出“创造了中国式现代化新道路”的重要命题。2022年7月，习近平总书记在省部级主要领导干部“学习习近平总书记重要讲话精神，迎接党的二十大”专题研讨班上指出：“我们推进的现代化，是中国共产党领导的社会主义现代化。”党的二十大报告则正式形成了中国式现代化科学本质话语的完整表述，即“中国式现代化，是中国共产党领导的社会主义现代化”。党的二十大报告还指出了中国式现代化的五大特征：中国式现代化是人口规模巨大的现代化、全体人民共同富裕的现代化、物质文明和精神文明相协调的现代化、人与自然和谐共生的现代化、走和平发展道路的现代化。①

中国式现代化既有各国现代化的共同特征，更有基于自己国情的中国特色。作为人类现代化的形态之一，中国式现代化内在地具备各国现代化的普遍性特征。比如，经济实力的快速增长、产业结构的转型升级、科学技术的更新迭代、政治民主的持续推进、文化素养的整体提升、开放程度的不断加深、生态环境的优良舒适等。这些特征既反映在各国追求现代化的过程之中，也体现于实现现代化之后的状态里面。作为后发外生型现代化与内生型现代化相结合的国家，中国的现代化因为同时面临着经典现代化和后现代化的双重任务，从而出现了迥异于西方发达国家“串联式”发展进程的“并联式”发展特征。这使得我们在环境问题上可以避免“先污染再治理”的老路。“人与自然和谐共生的中

① 习近平.高举中国特色社会主义伟大旗帜　为全面建设社会主义现代化国家而团结奋斗——在中国共产党第二十次全国代表大会上的报告［M］.北京：人民出版社，2022：22-23.

国式现代化顺应人类文明发展规律，以‘生命共同体’理念为导向，践行‘生态生产力’发展观，实现了对资本主义文明的生态超越。”[①]

人与自然和谐共生是中国式现代生态观的本质特征。[②]纵观人类发展历史，除了早期短暂的敬畏和改造自然阶段，伴随着工业化进程，或者更确切地说，西方少数发达国家的现代化进程开启后，在自然科学与技术体系的不断壮大中，自然以物质能源供给者和经济外部性释放地的姿态成为被征服的对象。从这个意义上来说，以牺牲和剥削自然环境为代价换取物质财富丰盈的西方传统现代化造就了当前严重的环境生态困境，比如全球气候变化。针对气候变化这一涉及人类整体利益并理应由各国政府协作治理的环境议题，各国政府的扯皮和算计的喧嚣无疑是西方传统现代性对待自然的对抗性的零和博弈思维在国家权益谈判席上的显现。与之相对的是，中国作为气候应对和治理的大国，以正和博弈逻辑提出“人类命运共同体”和“地球生命共同体”的理念，清晰地阐明全球生态危机面前无人可以独善其身，唯有携手并进。而中国之所以能够在全球环境治理方面提出上述“共同体”理念，是因为在更为基础层面的人与自然关系上，中国式现代化超越了人与自然主客二分的对立。这点尤为突出地体现在“人与自然是生命共同体”“山水林田湖草沙是生命共同体”等理念中。不同于西方的生态中心主义和人类中心主义两种生态思潮，中国式现代化借助上述“共同体”理念，最终“实现了对人与自然关系的认识从互为外在的机械关系向内在的有机联系的转换”[③]。

基于人与自然和谐共生这一本质特征，中国式现代化生态观的另一突出之处在于它务实地从中国乃至发展中国家追求美好生活的发展需

① 阮睿颖，余永跃. 人与自然和谐共生：中国式现代化的理论借鉴、生态反思和实践创新 [J]. 学习与实践，2023（5）：3-13.

② 赵建军. 以中国式现代化加快推进人与自然和谐共生现代化 [J]. 社会科学文摘，2023（4）：14-16.

③ 阮睿颖，余永跃. 人与自然和谐共生：中国式现代化的理论借鉴、生态反思和实践创新 [J]. 学习与实践，2023（5）：3-13.

求出发，在价值理念上将自然环境的生态价值与经济价值协调统一起来。换言之，中国式现代化是在充分认识西方传统现代化是造成当下大量环境问题的关键症结的基础上，以“实现现代化理论与模式的内源性绿化”[①]的方式，力求在经济生产方式乃至社会文化架构中达成全面的、绿色的、生态的转型。这种生态观最为形象生动的表述正是“绿水青山就是金山银山”。事实上，我们在“绿水青山”和“金山银山”的关系认识上也经历了一个过程，即“第一个阶段是‘用绿水青山去换金山银山’；第二个阶段是‘既要金山银山，但是也要保住绿水青山’；第三个阶段是‘绿水青山本身就是金山银山’”[②]。如下一节介绍的塞罕坝林场从沙化荒地向绿色屏障的转变所示，中国式现代化体现了这种内源性的绿化。中国在现代化发展中，接纳作为现代化进程伴生物的生态环境问题，也勇于承担偿还生态历史欠账的责任，更能够“将生态环境保护治理纳入现代国家治理体系与治理能力框架”[③]。

第二节 立足于中国的生态智慧与本土实践

在对“以中国为方法”和中国式现代化道路发展的深入思考及其生态观的再度提炼中，我们需要清晰认识的一点就是，环境传播需要从中国的实际出发，积极呈现、表达中国环境治理的本土实践以及蕴藏其间的丰富的生态智慧；以全新的话语修正原本在西方现代化视域下被视为落后愚昧的生态治理方式或实践行为。

① 郇庆治.“中国式现代化的生态观”析论［J］.人民论坛·学术前沿，2023（8）：59-71.

② 沈满洪.“两山”理念的科学内涵及重大意义［J］.智慧中国，2020（8）：25-27.

③ 郇庆治.“中国式现代化的生态观”析论［J］.人民论坛·学术前沿，2023（8）：59-71.

一、本土生态智慧：从农业肥到城粪下乡

展示中国环境传播话语的科学内涵与文明特征亟须确立“以中国为方法”[①]，将本土生态智慧和历史经验视作重要的话语来源。而中国本土生态智慧，很早就被一位美国农学家重视了。

1909年，一位名为富兰克林·H.金（Franklin H. King）的美国教授不远万里来到东亚，先后游历了中国、日本和朝鲜。这并不是一次普通的旅行。曾经担任美国农业部土壤管理所所长的他试图在东亚古老的农耕体系中找到困扰美国农业可持续发展问题的答案：美国在不到百年的时间里流失了大量肥沃土壤，造成土地肥力下降，威胁农业发展；而东亚各国人口密度远超美国，却在数千年间既维持了供给又很好地保持了土地资源，其中秘密何在？金教授最终发现，东亚三国农业生产的最大特点是高效利用各种农业资源，甚至到了吝啬的程度，但唯一不惜投入的就是劳动力；东亚传统小农经济从来都是资源节约、环境友好且可持续发展的。[②]此番对东亚农业模式的经验与优势的考察最终在金教授过世后由其妻子汇总结集成《四千年农夫：中国、朝鲜和日本的永续农业》一书。书中详细记载了中国农民如何利用豆科植物、人畜粪便、淤泥、绿肥、废砖、燃料灰烬乃至破布料等培肥土壤。美国农业与贸易政策研究所所长郝克明（Jim Harkness）称该书在20世纪50年代成为美国有机农业运动的《圣经》，而金教授也成为引领那个时代美国有机农业运动的先驱。[③]

① 李玉洁. 以中国为方法的环境传播话语建构［J］. 湖南师范大学社会科学学报，2020，49（4）：136-140.

② 金. 四千年农夫：中国、朝鲜和日本的永续农业［M］. 程存旺，石嫣，译. 北京：东方出版社，2011：中文版序言 1.

③ 金. 四千年农夫：中国、朝鲜和日本的永续农业［M］. 程存旺，石嫣，译. 北京：东方出版社，2011：封 4.

中国农业生产中的生态智慧不仅为美国学者所欣赏，也同样为中国学者所珍视。1956年8月4日，《人民日报》刊发了由中国农业遗产研究室主任、中国农史学科主要创始人万国鼎撰写的《祖国的丰富的农学遗产》。文章总结了自战国以来历代的重要农书，如《氾胜之书》(汉)、《齐民要术》(南北朝)、《陈旉农书》(宋)、《农桑辑要》和《王祯农书》(元)、《农政全书》和《群芳谱》(明)、《授时通考》和《致富全书》(清)等。这些农书中不仅包括保持土地肥力的粪种法，还涉及轮种、选种、栽培、嫁接、酿酒、兽医术等宝贵的农学经验。无独有偶，一些国际友人，如保加利亚科学院植物栽培研究所所长达斯卡洛夫院士，也像金教授一样发现了中国农业遗产的重要价值。他们认为，整理总结我们几千年来的农业经验，必将有助于国际农业科学的进步。从现代环境意识来看，使用农家肥保持地力是中国农民在长期的生产斗争中得来的生态智慧。正如万国鼎所言，"农民实践中的先进经验是说不尽的"[①]。中国农业科学院副院长章力建博士也强调，"欧美发达国家的现代农业技术的确比较先进，但也不能忽视我国有数千年的悠久农耕文明史"[②]。

在现代工业形成之前，人类与自然的关系集中体现在为人们提供衣食的农业领域。中国历来是一个农业大国，在漫长的农业发展过程中积累了丰富的有利于生态环境的生产生活经验。比如，中国农民善用、巧用农家肥："落叶积成粪堆……扫房里的黑灰……椿树籽碾碎也顶粪……麻池乌泥上地也很好。"[③]"在夏天把青草、烂叶、烂瓜西瓜皮、麦糠土，扫地土等能沤粪的东西都弄到粪坑里。"[④]环境友好的以农家肥保

① 万国鼎. 祖国的丰富的农学遗产［EB/OL］.（1956-08-04）. https://cn.govopendata.com/renminribao/1956/8/4/7/.

② 蒋建科. 从立体角度防控农业污染（专访）［EB/OL］.（2005-06-06）. https://news.sina.com.cn/o/2005-06-06/04416088677s.shtml.

③ 只要人手勤　到处都是粪　看寺村研究积肥办法［EB/OL］.（1947-11-16）. https://cn.govopendata.com/renminribao/1947/11/16/2/#12825.

④ 元朝等地群众积肥　青草烂叶烂瓜皮　搜罗放到粪坑［EB/OL］.（1948-08-01）. https://cn.govopendata.com/renminribao/1948/8/1/4/#19960.

持地力的方法在中国的小农家庭中沿用了千年，这与欧美国家形成了鲜明对比。《四千年农夫：中国、朝鲜和日本的永续农业》一书的中文译者石嫣指出，欧美以农业现代化为目标大力推进化学农业、石油农业从而导致农业不可持续问题。[①]

化学肥料是帮助资本主义农业解决地力枯竭问题的科技创新。化肥是第二次农业革命（1830—1880年）中土壤科学与资本主义工业发展的成果，被资本主义大农业利益集团视作提高农业产量的有效方案。换言之，化肥是资本主义大农业缓和人与土地新陈代谢断裂危机的技术手段，从而不仅转移、减缓了对于问题根源，即资本主义生产方式的压力，甚至维持、保障了它的继续发展。对此，马克思指出，"在一定时期内提高土地肥力的任何进步，同时也是破坏土地肥力持久源泉的进步"[②]。土地养分的远距离贸易不仅造成农村地力损耗，也形成了城市污染问题。李比希就土壤营养循环与城市排泄物问题之间的关联有专门的论述："如果对城镇居民的所有固体和流体排泄物的收集是可行的，没有一点损失，并且根据他最初向城镇所提供的农产品而返还于每一个农场主一定份额的排泄物也是可行的，那么，他的土地的生产能力将可能会长久地不受损害地保持下去，并且每一块肥沃土地中现存的矿物元素储备对于不断增长的人口的需求来说将是非常充足的。"[③]

颇为有趣的是，为西方学者所苦恼且一本正经论述的城乡间新陈代谢问题在中国却是再普通不过的被称为"城粪下乡"的日常生产生活实践。"吉林省舒兰县为把城镇积粪及时供给农村施用，曾专门召集城区积粪最多的大车店主开会，动员他们把积粪公平地卖给农民……各地

① 石嫣. 中国农业需要可持续发展：对《四千年农夫》的思考［J］. 中国合作经济，2012（7）：62-63.

② 福斯特. 马克思的生态学：唯物主义与自然［M］. 刘仁胜，肖峰，译. 北京：高等教育出版社，2006：173.

③ 福斯特. 马克思的生态学：唯物主义与自然［M］. 刘仁胜，肖峰，译. 北京：高等教育出版社，2006：171.

组织城粪下乡大都和城市卫生工作结合进行。如松江省阿城县人民政府……动员他们清除厕所和垃圾堆，帮助农民运粪……辽西省新民县还成立了一个卫生公司，专门组织城粪下乡。”[①]“武汉市现在在郊区开设了两个垃圾堆肥场，把每天运来的垃圾经过堆沤发酵、过筛后，除收取手工费外，全部供应农民……市里还拟新建、改建一批能容纳上百万担的简便蓄粪池，以便储容因淡季滞运部分。”[②]可见，因使用农家肥，中国城市中的人畜排泄物不仅没有造成如西方19世纪某些大都市那样的卫生条件恶化问题[③]，反而成为反哺农村、补充土壤养分的有用物质。更重要的是，城粪下乡在城市和农村之间建立起有机联系。需要强调的是，城粪下乡中出现的操作性问题，如因农耕的季节性特征导致供需波动，在当时也找到了解决办法。“每到春耕季节，城市粪便就不够供应了，许多农民半夜守在供销合作社门口……但是，每到农闲季节，城市粪便又大量积压，许多厕所的粪水都漫了出来。为了解决这个问题，成都市肥料公司曾和有关部门进行了多次研究，决定采用苏联先进经验，把粪便和垃圾混合，使垃圾腐烂发酵后制成颗粒肥料，这就可以给淡季城市粪便找到出路。”这一从本土实际出发、土生土长的肥力保持方式在当时极具创新性且效果不错，“初步试验证明，这种颗粒肥料肥田的效果很好……农民一般反映：肥效来得快，管得久，熬劲大，价钱便宜”[④]。

更重要的是，不同于在西方现代性观念下农民常常被视为需要被教

---

① 为今年的粮食增产计划提供切实保证　李顺达农业生产合作社订出养猪计划　东北各地组织城粪下乡解决农村肥料不足的困难［EB/OL］.（1952-04-10）. https://cn.govopendata.com/renminribao/1952/4/10/2/#82411.

② 城粪下乡支援农村［EB/OL］.（1957-11-30）. https://cn.govopendata.com/renminribao/1957/11/30/2/.

③ 恩格斯在《英国工人阶级状况》中曾指出，欧洲一些城市由于没有渗水井和厕所，每晚至少有5万人的垃圾和粪便要倒入水沟，导致街道上散发腐臭气味，损害市民健康。

④ 桂承铎. 利用垃圾做肥料［EB/OL］.（1955-05-19）. https://cn.govopendata.com/renminribao/1955/5/19/2/#124854.

育的落后形象，作为农业生产的主体，农民对农家肥的坚守和对化肥的抵制中天然地蕴含了一种朴素的、环境友好的生态智慧。“许多哈尼群众把肥料倒在路边，把化肥袋子拿回了家。”“上化肥和施农药，会杀死稻田里的鱼、鸭、螺蛳、泥鳅、黄鳝、虾巴虫，而没有了它们吃水稻害虫，近年来虫害日益严重。”[①]云南地区曾长期存在着一种被视为破坏生态平衡的刀耕火种的生产方式，但在现今的研究中被证实，正是适应当地独特生态环境的刀耕火种保障了当地农业生态系统的良性循环。[②]从西方现代性来看，农家肥和刀耕火种是自带“落后”标签的。然而与西方现代化进程中化学农业、石油农业带来的环境破坏相比，上述种种生态智慧显得尤为可贵。

我国古人认为，土地是有生命的，需要不断滋养。包括人畜粪便在内的各种废弃物质皆有“余气”，任意弃置污秽不堪、恶臭难闻，变为肥料则可“化恶为美”“变废为宝”，土地得其“余气相培”，“地力可使长新壮”……废物利用与土壤改良有机结合，是我国历史上生态环境保护最成功的范例。因为这个成功，我国广袤的农田历经数千年耕种而未发生严重地力衰退，甚至越种越肥，农业生产（土地产出）长期居于世界先进水平……令人忧虑的是，由于现代工业和市场经济的强大冲击，延续了数千年的这个优良传统现在正逐渐瓦解，巨量“三废”在城市和乡村都日益成为一个严峻的环境挑战。[③]

---

① 廖奔. 梯田中国（中国故事）[EB/OL].（2014-10-29）. https://www.chinawriter.com.cn/2014/2014-10-29/222731.html.

② 王中宇. 社会系统与生态系统：观察生态问题的另类视角 [EB/OL].（2013-05-02）. https://www.hswh.org.cn/wzzx/llyd/zz/2013-05-02/14799.html.

③ 王利华. 从环境史研究看生态文明建设的“知”与“行”[EB/OL].（2013-10-27）. https://news.12371.cn/2013/10/27/ARTI1382823355127417.shtml.

"以中国为方法"的环境传播正需要拨开西方现代化话语的种种迷雾，从中国自身的环境实践出发，从本土的生态智慧中汲取具有东方意蕴的文化基因。

二、本土环保实践：从"三三制"到塞罕坝精神

作为本土传统文化中生态智慧的实践主体，中国农民不仅在长期的农耕事件中总结积累出上述环境友好的农家肥，还在历史演进中始终表现出对环境保护实践的主体性守护。

高西沟村位于陕西省榆林市米脂县，是典型的黄土高原丘陵沟壑区，植被稀少、土地贫瘠，水土流失问题严重。"山上光秃秃，下面黄水流，年年遭灾害，十年九不收"曾经是这个村庄的常态。自20世纪50年代以来，高西沟村在四任领导班子的带领下，通过三代人持久不懈的努力，实现了"泥不下山，洪不出沟，不向黄河送泥沙""梯田层层盘山头，片片林草盖坡洼，高山松柏连成片"。

早在1962年，《人民日报》就刊载通讯《山区生产的生命线——米脂县高庙山公社高西沟生产大队水土保持工作调查》，对高西沟村的水土保持工作给予肯定。"村民以不违背自然规律的科学态度，在'要粮要田'的激情年代，主动退耕还林还草，而且一坚持就是40年。"20世纪50年代后期，高西沟村从本村的地形地势出发，开始摸索如何保持水土。1958年后，他们开始退耕还林、退耕还草。60—70年代，在全国普遍掀起毁林开荒、围湖造田运动时，高西沟村却逐渐发展出成熟的"三三制"用地模式，即田地、林地、草地各占三分之一。80年代全国实施家庭联产承包责任制后，高西村村民依然将林地归为集体所有。凡此种种，促使高西沟村成为今天"镶嵌在陕北黄土高原丘陵沟壑中的一颗绿色明珠"。如今，高西沟村更是与时俱进地将"三三制"创新为"三二一制"，即三份林地、两份草地、一份田地，将生态效益和

经济效益有机结合起来。而这些背后正是高西沟村村民对自身生产生活环境进行生态保护的主体性坚守。这种主体性体现在践行这一生态友好行动的并非知识技术精英，而是与土地有着长期密切联系、“没上过学”却在不同历史时期始终保持质朴的“泥不下山，洪不出沟”绿色理念的农民。

从现代环境意识来看，中国农民在保护生态环境方面的主体性坚守体现了生态中心主义的意识形态。这种观念将人类视为一个完整生态系统的一部分，并且必须服从生态环境，因而与西方现代化的人类中心主义形成张力。与西方国家环境保护运动中偏重精英人士倡导、NGO参与，以及由公民社会推动的环境保护理念和流于对资本主义发展模式修修补补的“可持续发展”模式相比，在中国这个农业大国中，与土地有着日复一日密切联系的农民一直是环境保护实践的有力参与者。

如果说高西沟村是黄土高原生态治理的一个样板，走出了一条坚持不懈开展生态文明建设之路，那么，这条道路背后始终坚持着将现代科学和传统知识的有机结合：

> “实践证明，不能跟老天爷对着干，更不能想当然，要在尊重自然、顺应自然的基础上，探索系统的治理办法。”高祖玉时任高西沟生产大队队长，当年常跟随农业、林业、水利等方面专家学习，“我们在全面调查的基础上，明确了沟坡兼治、治坡为主的做法，就是以治理坡面为主，修水平的台阶式梯田，同时在沟道节节筑坝、层层拦蓄，淤地种植。”[①]
>
> 高西沟适应了自然的规律，使林草面积占据主要地位，并把林

① 高炳. 黄土高原生态治理的一个样板（人民眼·生态治理）[EB/OL].（2022-01-07）. http://env.people.com.cn/n1/2022/0107/c1010-32325771.html.

的建设当成最根本的建设，保证了农林牧副业的全面发展。[①]

> 高西沟过去有过单纯治沟打坝造成失败的教训，原因就是没有发动群众、依靠群众自办，因而也就无从掌握当地的自然规律……群众路线是我们党的一切工作的根本路线，任何事情只要是依靠了群众来办，就一定可以办得非常出色。[②]

高西沟村生态环保之路之所以能够走通，除了结合自身实际情况，利用科学知识探索可行之策，更为关键的是它一直贯彻"从群众中来，到群众中去"的工作路线，发挥人民群众的首创精神：

> 以高祖玉为首的一些贫农骨干分子，坚决主张发愤图强，用自己的力量改造自然。他们用新旧社会的对比教育社员，用陕北人民曾经在党和毛主席的领导下打败胡宗南的进攻等事实，教育群众发扬老区人民战胜困难的革命精神。经过教育和讨论，高西沟的干部和社员逐渐认识到依靠自力更生治山治沟，保持水土，发展生产，是能够做到的。[③]

> （高西沟）生产向前发展了。到一九六三年，粮食总产量比一九五八年增加了百分之五十五，林牧业的发展也很快……一九五八年开始修水平梯田的时候，高西沟连一把像样的铁锨也没有。他们不要国家支援，不向国家贷款，自己造、自己买工具……

---

① 王焕斗. 高原星火：米脂县高西沟农林牧综合发展调查［EB/OL］.（1979-05-27）. https://cn.govopendata.com/renminribao/1979/05/27/2/.

② 群众自办水土保持的范例［EB/OL］.（1962-01-18）. http://www.hprc.org.cn/wxzl/bksl/rmrbsl/rmrbsl62/201005/t20100531_3988996.html.

③ 刘野. 山区生产的生命线：米脂县高庙山公社高西沟生产大队水土保持工作调查［N］. 人民日报，1962-01-18（5）.

大家决定：一不要国家的救济粮，二不要国家的救济物资，三不要国家的救济款。[①]

在明确的生态保护概念尚未普及的20世纪五六十年代，高西沟村村民这种自发的植树种草行为，既反映出一种对自身生存环境涵养守护的文化传统的规约，体现出本土生态智慧，更以切实的环保实践有力回击了经济发展与生态环境保护不可兼得的论调。而这种农民自发的保护生态环境的作为并不仅限于高西沟村，诸如湖南省的禹县（今禹州市）、甘肃省的张掖县（今张掖市）、山东省的莒县等，“像这类搞得比较好的县，全国有200多个，先进社队就更多了”[②]。这些本土的环保实践堪称人与自然和谐相处的中国式现代化的注脚。

另一个林草事业高质量发展的典型是赫赫有名的塞罕坝林场。塞罕坝林场成功处理了高质量发展和高水平保护的关系，通过实际行动证明“绿水青山就是金山银山”的理念，将环境改善与百姓富裕相结合，在脱贫攻坚和生态文明建设两方面取得了重大成就，打通了生态效益、社会效益和经济效益融通的绿色发展之路。

在漫长的历史长河中，塞罕坝经历了千里松林—黄沙遮天—绿色屏障的变迁。塞罕坝北接内蒙古浑善达克沙地南缘，南抵河北省承德市，处于内蒙古高原和冀北山地的过渡地带。诚如其名字的含义“美丽的高岭”所预示的，塞罕坝在宋辽金元时期确实是林壑幽深、鸟兽繁多、人迹罕至的原始森林。至清朝康熙时期，出于政治、军事等方面的需要，这块“南拱京师，北控漠北，山川险峻，里程适中”的漠南蒙古游牧地被设立为“木兰围场”。[③]因不允许平民进入，严禁放牧和伐木，塞罕坝

① 黄土高原大寨花：高西沟［EB/OL］.（1965-12-27）. https://cn.govopendata.com/renminribao/1965/12/27/3/#350779.

② 万里在中央绿化委员会全体会议上的讲话［EB/OL］.（1984-02-19）. https://cn.govopendata.com/renminribao/1984/2/19/1/#650311.

③ 陈延特. 塞罕坝，京城绿色屏障的前世今生［EB/OL］.（2017-08-04）. http://www.xinhuanet.com/politics/2017-08/04/c_1121426164.htm.

良好的生态环境得以维系。但到清末时，国力衰退，随着清政府管控逐渐松弛，大量外来人口迁居落户，民众垦荒伐木日渐加剧，塞罕坝地区的生态开始恶化。后来，该地又遭遇连年山火，以及抗日战争时期日本侵略者的掠夺采伐，塞罕坝的沙地化越来越严重。新中国成立时，塞罕坝地区已是"黄沙遮天日，飞鸟无栖树"的荒漠沙地。

塞罕坝地区沙化严重，造成与其直线距离不超过200千米的北京告急。"有人形容，如果这个离北京最近的沙源堵不住，那就是站在屋顶上向院里扬沙。"作家李春雷在报告文学《塞罕坝祭》中这样写道。[①]事实上，不仅是首都面临风沙侵袭的危机，当时全国都面临着森林退化的严峻形势。"从4000年的历史记录来看，由于气候演化和人口压力，我国生态质量总体呈下降趋势，主要表现为森林面积减少、荒漠化土地增加、地表水减少、气候条件变差等。以森林覆盖率为例，4000年前我国为60%，战国末期为46%，唐代为33%，明代为26%，清代中期为17%，新中国成立初期为12.51%。"[②]可见，中国几千年文明史的最大生态代价是从"多林大国"成为"少林之国"[③]。而以人工造林的方式恢复森林面积的行为在我国历史上一直有迹可循：西周设有"山虞"和"林衡"等专管林木的官职；"秦为驰道于天下……道广五十步……树以青松"；元代的《农桑之制》则明令种树种类与数目。

于是，当新中国在较为脆弱的自然条件下开始现代化建设时，塞罕坝几代人绿色接力建成世界上面积最大的人工林的巨大工程也开启了。1962年2月14日，我国北方第一个机械林场塞罕坝林场正式组建。而

① 王国平，耿建扩，周洪双. 塞罕坝之歌：河北承德塞罕坝机械林场几代人52年艰苦造林纪实［EB/OL］.（2014-03-18）. https://epaper.gmw.cn/gmrb/html/2014-03/18/nw.D110000gmrb_20140318_2-01.htm.

② 龚维斌，乔清举. 生态文明与生态文化建设［M］. 北京：国家行政学院出版社，2003：5.

③ 胡鞍钢. 中国：创新绿色发展［M］. 北京：中国人民大学出版社，2012：103.

早在1955年，党中央就发出了“绿化祖国”的号召。来自全国18个省份的369名平均年龄不到24岁的青年，怀着“为北京阻沙源、为京津涵水源”的远大理想，于1962年9月奔赴塞罕坝，开启了高寒沙地造林事业。筚路蓝缕，以启山林，塞罕坝林场上演过“六女上坝”的传奇，见证过举家入林的第一任党委书记王尚海的无悔青春，更被坚守信念的9座“望海楼”静静守护。在万顷林海画卷徐徐展开的那些年中，三代塞罕坝人在冻土荒原上育苗催芽，在漏风的窝棚里讨论技术攻坚，探索出全光育苗法、三锹半人工缝隙植苗技术、人工异龄复层混交林等科学有效、因地制宜的育苗植树方法。

塞罕坝人从不停歇的创业脚步让塞罕坝实现了从拓荒植绿到护林营林，再到生态保育的蜕变，用实际行动诠释了“绿水青山就是金山银山”的生态理念。从1962年到1982年，塞罕坝完成人工造林任务96万亩，绿色版图迅速扩张，“美丽的高岭”生机再现。如果说这个20年塞罕坝完成的是从荒山沙地向绿水青山的跨越，那么，经过20世纪八九十年代的短暂迷茫期——塞罕坝林场收入单一，木材收入占据总收入九成以上，塞罕坝人在21世纪主动探索出“既要绿水青山，也要金山银山”的新路，从买木材转向卖风景——建设国家森林公园，构建可持续经营的绿色产业体系，协同统一经济发展与生态保护。而今，塞罕坝不仅生态效益显著，更是通过开展生态旅游、增加碳汇收入等方式，上演着现实版的“绿水青山就是金山银山”。塞罕坝“固沙的同时，这里的生态系统每年可涵养水源1.37亿m^3，相当于至少13个西湖的水量。据中国林业科学研究院评估，如今塞罕坝的森林生态系统每年固碳74.7万t，空气负氧离子是城市的8—10倍”[①]。塞罕坝人充分认识到“林子就是宝儿”，通过打造高品位生态旅游文化景区，不仅扩大了就业岗位，还带动了交通运输、乡村旅游、山野特产、手工艺品等服务产业共同发展。

① 刘旭，郝吉明，王金南.中国生态文明理论与实践［M］.北京：科学出版社，2022：449.

生态旅游这种绿色产业当属基于塞罕坝人工造林形成宜人生态环境的附加受益，它还可以通过碳汇交易直接创收。"按照中国碳汇基金测算，塞罕坝林场有45万亩的森林可以包装上市。根据市场价格，交易总额可以达到3000多万元。"[①]青山就是金山！至此，塞罕坝生态保护与经济发展协调一致的绿色循环模式达成：人工造林—苗木培育—景观修复—生态旅游—碳汇交易—抚育森林。

上述多个案例无一不证明中国有着丰富的本土生态智慧和示范性的本土环保实践，它们不仅仅是绿色的，更是红色的。就农家肥与城粪下乡而言，从"以中国为方法"加以审视的话，西方现代化将其视为落后的话语把戏不攻自破，它清晰地呈现出中国传统农业文明所包含的生态理念以及农民朴素却自主的生态意识。这一点在大力发展有机农业的当下有必要重新认识和挖掘。对高西沟村和塞罕坝林场而言，几代人战天斗地、无怨无悔的付出，让"陕北小江南""美丽的高岭"名副其实，以醉人的绿色撑起各地生态效益与经济效益统一的发展之路。更重要的是，在高西沟村和塞罕坝林场的绿色事业不断壮大的背后，有着坚实的红色底蕴——社会主义制度优势。正是社会主义制度集中力量办大事的优越性，使得如塞罕坝这样庞大的生态治理和修复工程能够在20世纪60年代财政困难的情况下得以启动并系统稳步推进。这也是个人选择与祖国需求、个人追求与人民利益紧密相连的价值观作为精神黏合剂在几代人身上不断鼓舞，促成这代代相承、久久为功的生态文明建设的生动范例。

---

① 刘旭，郝吉明，王金南. 中国生态文明理论与实践［M］. 北京：科学出版社，2022：449.

第四章　视野：生态文明

如何理解生态文明？在推进生态文明建设的过程中，环境传播应该扮演的角色以及承担的使命是什么？这是本章重点回答的问题。

第一节　生态文明的内涵：从概念到国策

一、作为反思工业文明的概念性的生态文明

从构词上看，生态文明是由“生态”和“文明”两个词组成的。就前者而言，“生态”通常指生物在一定的自然环境下生存与发展的状态，也指生物的生理特性和生活习性。[①]就后者而言，人类至今已经经历了原始文明—农耕文明—工业文明，任何文明阶段都贯穿着人与自然关系的起起伏伏，大致可以总结为恐惧与俯就、依赖与开发、征服与统治等。但直到工业文明，自然承受的极限才不断被触及。作为一种反噬的自然报复以各种极端的面貌出现，比如整体性的全球气候变化，以及全球各地局部性的高温暴雨、荒漠化加剧、生物多样性丧失等。但仅

① 钱海. 生态文明与中国式现代化［M］. 北京：中国人民大学出版社，2023：2.

用“人类”这样一个广泛的统称去指涉当前生态环境恶化的肇事者和承受者是极不合适的。以全球气候变化为例，承受气候变化导致生存空间挤压的群体往往来自在过去三个多世纪的工业化进程中受益最少的贫困国家，而各个受益丰厚的发达国家即使也面临种种新挑战，却也因为先发优势具有更多腾挪转移的空间。这就预示着工业文明不仅在人与自然环境的关系上信誉不佳，更因种种难以调和的矛盾造成弥漫全球的生态危机、社会危机、道德危机和信仰危机。从这个意义上来看，“工业文明正处于崩溃的边缘，我们无法阻止这一崩溃。无论愿不愿意，我们都无法维持工业文明，我们所能做的就是使向生态文明的转型尽可能地和平、顺利”[①]。

作为一种对工业文明反思和批判的产物，生态文明最早由德国法兰克福大学政治学教授伊林·费切尔（Iring Fetscher）于1978年在英文期刊《宇宙》上发表的《人类的生存环境：论进步的辩证法》一文中论及。文中费切尔不仅辩证地讨论“进步”，还批判了工业文明和技术进步主义。费切尔是针对工业文明的不可持续性而提出生态文明概念的，他所说的生态文明指未来超越了工业文明的新文明。[②] 有学者将其总结为生态文明的双重内涵之一，即“以人与世界的共在式关系代替人与世界的对象式关系，进而从整体上克服工业文明所形成的主客对立问题，从而建构起一种全新的共同体文明”，而另一种内涵则是指工业文明的环境保护。[③]沿着这一进路使用生态文明概念在美国则要滞后十余年。1995年，美国作家、评论家罗伊·莫里森（Roy Morrison）出版

① 柯布. 从工业文明到生态文明：必要的转型［J］. 萧淑贞，译. 哲学探索，2021（1）：169-178.

② 卢风. 走向生态文明：升级抑或超越——兼评后现代生态文明论［J］. 福建师范大学学报（哲学社会科学版），2023（2）：28-35，168-169. 原文引自：FETSCHER I. Conditions for the survival of humanity：on the dialectics of progress［J］. Universitas，1978，20（3）：161-172.

③ 张文. 生态文明的概念辨析与哲学反思［J］. 鄱阳湖学刊，2023（4）：16-24，125.

了《生态民主》（*Ecological Democracy*）一书，在美国首次使用了“生态文明”的概念；1999年，他呼吁创建生态文明；2005年，他又出版了《生态文明2140》一书，才形成西方生态文明理论。[①]在莫里森看来，民主、平衡与和谐是生态文明建设的必要基石，向生态文明迈进则需要人们的自觉努力，而且需要全球层面而非地方层面的共同行动。近年来为中国学术界所熟知的美国学者是提出后现代生态文明论的小约翰·B.柯布（Jr. John B. Cobb）。他主张的“后现代生态文明论以怀特海的过程哲学为哲学理据，以量子物理学为科学依据，它反对经济主义和消费主义”[②]。在澳洲，当代著名环境哲学家、澳大利亚斯威本科技大学阿伦·盖尔（Arran Gare）于2010年发表论文《走向生态文明》（Toward an Ecological Civilization），于2017年出版论著《生态文明的哲学基础：未来宣言》（*The Philosophical Foundations of Ecological Civilization: A Manifesto for the Future*）。作为一本极少在标题中出现生态文明字眼的西方学者的论著，《生态文明的哲学基础：未来宣言》“批判了西方工业文明的全球反生态性，认为只有进行文明转向即走向生态文明才有可能实现人类社会的可持续性发展，而走向生态文明首先必须寻求和建构生态文明的哲学基础，这样一种哲学基础在盖尔看来是思辨自然主义”[③]。

尽管西方学者在过去40年间一直对工业文明进行反思，并围绕生态文明提出种种新的设想与倡议，但这并不意味着生态文明概念如很多人文社会科学中的概念一样又是一个舶来品。相反，这个概念最早是由中国学者提出来的。早在1984年，中国生态农业的奠基人叶谦吉在苏联讲学时就曾撰文呼吁生态文明建设。同年，生态经济学家刘思华教授发表

---

① 本刊记者.正确认识和积极实践社会主义生态文明：访中南财经政法大学资深研究员刘思华［J］.马克思主义研究，2011（5）：13-17.

② 卢风.走向生态文明：升级抑或超越——兼评后现代生态文明论［J］.福建师范大学学报（哲学社会科学版），2023（2）：28-35，168-169.

③ 陈云.生态文明的哲学基础：阿伦·盖尔的思辨自然主义评析［J］.国外社会科学，2018（5）：144-153.

的《生产目的与生态平衡》一文中，在我国率先使用了“生态需要”这一新概念。[①]1986年，刘思华教授在上海召开的全国第二次生态经济学科学研讨会上，首次提出“社会主义生态文明”的新理念。[②]这两位在生态文明概念创设上的先行者不约而同地在1987年再次发出呼吁。叶谦吉教授于1987年5月在安徽省阜阳市召开的全国生态农业研讨会上发出大力建设生态文明的呼吁，并从生态学和生态哲学的视角对生态文明做了初步定义。[③]刘思华教授则在《理论生态经济学若干问题研究》一书中明确指出：“人民群众的生态需要及其满足程度和实现方式，构成社会主义生态文明的基本内容。”[④]

上述梳理呈现出国内外知识界、学术界对工业文明造成巨大生态灾难以及引发的社会经济等多方面危机的深刻反思。但在很长一段时间内，生态文明一直局限于思想界与学术圈，鲜少引起外界关注。

二、作为国家战略的政策性的生态文明

生态文明直到被中国上升到国家理政层面才开始备受瞩目。正如对中国生态文明寄予厚望并大力支持的小约翰·B.柯布所言，最终还是中国人将“生态”与“文明”两个词成功地结合起来，创造出了“生态文明”概念。“在中国，生态文明建设首次获得了如此高的重要性。中国是世界上唯一将‘生态文明’作为‘千年大计’的国家。在其他国家，虽然一些民众和团体已将生态文明视作人类发展的目标，但并没有像中国这样上升到国家战略的高度和地位，甚至被写进了中国共产党的党

① 本刊记者.正确认识和积极实践社会主义生态文明：访中南财经政法大学资深研究员刘思华［J］.马克思主义研究，2011（5）：13-17.

② 钱海.生态文明与中国式现代化［M］.北京：中国人民大学出版社，2023：2.

③ 钱海.生态文明与中国式现代化［M］.北京：中国人民大学出版社，2023：2.

④ 本刊记者.正确认识和积极实践社会主义生态文明：访中南财经政法大学资深研究员刘思华［J］.马克思主义研究，2011（5）：13-17.

章，写入了中国宪法。”[①]

作为国家战略的政策性的生态文明首先是对自然资源和环境保护政策的延续。进言之，对生态文明的认识是需要放置于中国处理人口与资源、经济发展与环境保护关系的长期视野中的。

由于中国的近代发展被西方的洋枪火炮打断，在民族解放与抗日救亡的时代使命中，“环境”在中国社会内部被发现的可能性是微弱的，但这并不意味着中国引入现代环境意识在时间上必然是滞后的。事实上，正是在西方国家普遍发现并日益重视环境的20世纪70年代，中国也借助外部引入的方式发现了“环境”。被誉为“中国环保第一人”“中国环保之父”的曲格平在接受采访时表示，中国环保事业的奠基人是周恩来总理，周总理当年曾担忧“别让北京成为伦敦那样的‘雾都’”[②]。正是在周恩来总理的直接关怀下，曲格平作为中国政府代表团的副代表，参加了1972年在斯德哥尔摩召开的人类环境会议。这次参会对于中国来说无疑是一次环境保护意识的启蒙。1973年8月，在周总理的指示下，国务院组织召开了第一次全国环境保护会议，提出了32字环保工作方针，即“全面规划，合理布局，综合利用，化害为利，依靠群众，大家动手，保护环境，造福人民”。1979年颁布《中华人民共和国环境保护法（试行）》。

1983年底，第二次全国环境保护会议召开，环境保护被正式确立为基本国策，现代环境意识开始在中国的政治议程中明确确立下来。继1983年第二次全国环境保护会议后，1984年5月，国务院发布《关于环境保护工作的决定》，环境保护开始纳入国民经济和社会发展计划；1988年设立国家环境保护局，作为国务院直属机构，地方政府也陆续成

① 柯布. 生态文明与第二次启蒙［J］. 王俊锋，译. 山东社会科学，2021（12）：31-38.

② 汪韬. 中华环保第一人曲格平：四十年环保“锥心之痛”［EB/OL］.（2013-12-26）. https://news.sciencenet.cn/htmlnews/2013/12/286816.shtm.

立环境保护机构；1989年国务院召开第三次全国环境保护会议，提出要积极推行环境保护目标责任制、城市环境综合整治定量考核制、排放污染物许可证制、污染集中控制、限期治理、环境影响评价制度、“三同时”制度、排污收费制度等八项环境管理制度。

1992年6月，在巴西里约热内卢召开的联合国环境与发展会议是国际环境运动中的一个里程碑。此次会议通过了《关于环境与发展的里约热内卢宣言》（The Rio Declaration on Environment and Development）、《21世纪议程》（Agenda 21）和《关于森林问题的原则声明》（Non-Legally Binding Authoritative Statement of Principles for a Global Consensus on the Management，Conservation and Sustainable Development of All Types of Forests）等文件，更重要的是首次“提出了可持续发展战略，标志着环境保护事业在全世界范围启动了历史性转变。由我国等发展中国家倡导的‘共同但有区别的责任’原则，成为国际环境与发展合作的基本原则”[①]。会后，党中央和国务院于当年8月颁布《中国关于环境与发展问题的十大对策》，其中第一条就是“实行可持续发展战略”[②]；同年，致力于交流传播国际环境发展领域成功经验的中国环境与发展国际合作委员会（CCICED）成立；1994年3月，中国政府颁布了《中国21世纪议程》；1996年，国务院召开第四次全国环境保护会议，发布《关于环境保护若干问题的决定》，推进并开展“一控双达标”、“三河”和“三湖”水污染防治、“两控区”大气污染防治等

① 周生贤. 我国环境保护的发展历程与探索［EB/OL］.（2014-03-18）. http://theory.people.com.cn/n/2014/0318/c40531-24666959.html.

② 《中国关于环境与发展问题的十大对策》的其他九条分别为：采取有效措施，防治工业污染；深入开展城市环境综合整治，认真治理城市“四害”（烟尘、污水、废物和噪声）；提高能源利用效率，改善能源结构；推广生态农业，坚持不懈地植树造林，切实加强生物多样性的保护；大力推广科技进步，加强环境科学研究，积极发展环保产业；运用经济手段保护环境；加强环境教育，不断提高全民族的环境意识；健全环境法制，强化环境管理；参照国际社会环境与发展精神，制定我国的行动计划。

工作；1996年，第八届全国人民代表大会第四次会议审议通过的《中华人民共和国国民经济和社会发展“九五”计划和2010年远景目标纲要》中将可持续发展提升为国家基本战略，并提出“2000年，力争使环境污染和生态破坏加剧的趋势得到基本控制，部分城市和地区的环境质量有所改善”。

以较长的时间跨度来审视伴随在中国式现代化建设过程中的环保事业发展历程的话，2003年堪称一个拐点。“不少人印象中，2003年是中国环境保护事业的一个分水岭……不能就环境保护谈环境保护，必须把环境保护融入经济建设的主战场，使二者实现双赢——这是近年来环保工作日益明确的一个新思路，更是2003年中国环境保护事业走向成熟的一个标志。”[①]这一方面是因为2003年春季肆虐全球的“非典”疫情以惨痛的代价为我们上了应对危机至关重要的一课。“同年春天发生的‘非典’疫情，以及由此引发的我们治国理政理念转变和一系列重大经济社会政策调整，无论是对我国经济社会发展来说，还是对政府改革和建设来说，都是一件具有标志性意义的大事。”[②]“一些委员说，非典疫情告诉我们，必须认真研究经济和社会发展之间的辩证关系，使大家认识到绝不能以牺牲环境为代价，求得经济上一时的速度和效益，绝不能以暂时的利益牺牲长远利益和根本利益。”[③]另一方面，“从2003年开始，中国开始进入后改革时代……中央开始提出一套新的发展话语来改变对以社会发展以及环境可持续性为代价的经济增长模式的狭隘追求”[④]。

2003年10月，中共十六届三中全会通过的《中共中央关于完善社会主义市场经济体制若干问题的决定》中提出了“统筹城乡发展、统筹

① 赵永新. 让人与自然更和谐（教科文卫聚焦）[N]. 人民日报，2003-12-22（11）.

② 温家宝. 努力建设人民满意的政府[J]. 求是，2013（3）：3-6.

③ 沈路涛，邹声文. 全国人大常委会组成人员强调推行循环经济理念从源头上解决“垃圾围城”问题[N]. 人民日报，2003-06-27（4）.

④ 赵月枝. 全球化背景下的传媒与阶级政治[EB/OL].（2012-07-29）. https://www.aisixiang.com/data/55910.html.

区域发展、统筹经济社会发展、统筹人与自然和谐发展、统筹国内发展和对外开放”的“五个统筹”原则。[①]“这里提出了一个极其重要的问题，就是要树立和落实全面发展、协调发展和可持续发展的科学发展观。这对于我们更好地坚持发展才是硬道理的战略思想具有重大意义。树立和落实科学发展观，这是20多年改革开放实践的经验总结，是战胜非典疫情给我们的重要启示，也是推进全面建设小康社会的迫切要求。”[②]《中华人民共和国国民经济和社会发展第十一个五年规划纲要》中提出要建设资源节约型、环境友好型社会，并将节能减排列为约束性目标。

2007年10月，党的十七大报告第四项“实现全面建设小康社会奋斗目标的新要求”中明确提出建设生态文明：“建设生态文明，基本形成节约能源资源和保护生态环境的产业结构、增长方式、消费模式。循环经济形成较大规模，可再生能源比重显著上升。主要污染物排放得到有效控制，生态环境质量明显改善。生态文明观念在全社会牢固树立。”

2012年11月，党的十八大报告中专门辟出第八节“大力推进生态文明建设”，首次系统、完整地论述了生态文明建设战略：“建设生态文明，是关系人民福祉、关乎民族未来的长远大计。面对资源约束趋紧、环境污染严重、生态系统退化的严峻形势，必须树立尊重自然、顺应自然、保护自然的生态文明理念，把生态文明建设放在突出地位，融入经济建设、政治建设、文化建设、社会建设各方面和全过程，努力建设美丽中国，实现中华民族永续发展。”而且，党的十八大正式通过《中国共产党章程（修正案）》的决议，同意将生态文明建设写入党章。

将生态文明置于环保事业与政策的发展历程中审视，进一步印证了已有学者的观点：它是“‘绿色左翼’的政党意识形态话语”，“生态文

① 新华社.中共中央关于完善社会主义市场经济体制若干问题的决定［EB/OL］.（2008-08-13）. http://www.gov.cn/test/2008-08/13/content_1071062.htm.

② 本报评论员.树立和落实科学发展观［N］.人民日报，2003-11-05（1）.

明理念及其实践首先是指社会主义执政党即中国共产党的一种绿色政治意识形态话语以及在此引领下的综合性社会生态变革进程，也可以说是一种中国特色的‘社会生态转型’”[①]。党的十八大报告强调的要把生态文明建设融入经济建设、政治建设、文化建设、社会建设各方面和全过程，正是这种综合性社会生态变革或者社会生态转型的体现与要求。从综合性社会生态变革的角度来看，生态文明建设必然需要制度性保障。如果将“制度”理解为“生态文明建设实践在经济、政治、社会、文化等领域中的制度性凝聚积淀，尤其是各种新型样态的经济生产生活方式、社会政治治理方式和文化文明发展方式的萌生与常态化”[②]，那么环境传播可以被视为这种制度的有机组成。

第二节　环境传播的使命：从自身生态化转型到打造绿色公民作为

如果说环境传播是生态文明建设制度保障的有机组成部分，那么它必然要经历自身价值理念和实践操作层面上的生态转型，同时也要发挥传播的文化治理功能，助力构建绿色生态文化，打造绿色公民。

一、警惕抵制消费主义，实现生态向度的观念革新

如前文所述，生态文明建设是一个综合性的生态社会变革过程，那么作为社会文化建构重要力量的传播媒介是否也要经历自身的某种生态向度的革新？或者说，传播的内在价值观、媒介的底层运营逻辑是否应

① 郇庆治.生态文明及其建设理论的十大基础范畴［J］.中国特色社会主义研究，2018（4）：16-26，2.

② 郇庆治.生态文明及其建设理论的十大基础范畴［J］.中国特色社会主义研究，2018（4）：16-26，2.

该实现绿色的、生态的升级转型？回答这些问题之前，一个不可回避的问题就是，作为环境传播得以实现的基础性的、物质性的媒介，其技术变迁带来的环境成本是否正在制造或者本身就是一个环境问题，比如电子媒介垃圾？

不同于报纸、期刊等产生的纸张媒介垃圾，电子媒介垃圾是随着消费社会的到来和电子科技的普及而出现的电子垃圾“新贵”。“空气污染、水污染、草原沙化、黄河断流……这都是我们为了发展经济而付出的沉重代价。现在，一种完全新型的污染又摆在我们面前：电子废弃物污染。随着人民生活水平的提高，手机、电脑、家用电器快速更新，目前我国已经进入家电报废淘汰的高峰期。与其他废弃物相比，电子废弃物具有污染时间长、对环境危害更严重等特点，如果处理不当，电子废弃物中的有害有毒物质进入土壤，会严重污染水源，危害人类、植物和微生物的生存。”[①]据联合国《2020年全球电子废弃物监测》报告显示，2019年全球产生的电子废弃物（带电池或插头的废弃产品）总量达到了创纪录的5360万吨，但只有17.4%被收集和回收。报告预测，到2030年，全球电子废弃物将达到7400万吨。[②]

除了数量上的触目惊心，还有两点需要加以警惕。一是大量的电子垃圾汇聚在农村，触及环境正义。广东省汕头市潮阳区的贵屿镇曾经是我国乃至世界最大的电子垃圾拆解处理集散地。二是针对电子垃圾的媒介话语。“记者目睹了垃圾堆里躺着的各种‘宝贝’：没有拆包装的电池、完整的作业本、八成新的电脑键盘、还能使用的旧手机、漂亮的玩具车等……iPad2刚刚用熟，新的产品就又发布了……消费文化的影响力也越来越大……在国企工作的小苏说，她的老公自称是个‘数码达人’，现在家里已经有iPad1、iPad2、iPad3和iPad mini，还有5台笔记本电脑和3个旧手机。‘出了新的就想买新的，觉得旧的不好用了，其

---

① 王莹. 政府的环保责任（观察时评）[N]. 人民日报，2005-10-02（6）.

② ACI 环保. 联合国《2020 年全球电子废弃物监测》：全球电子废弃物激增[EB/OL].（2020-07-14）. https://www.sohu.com/a/407583626_120598215.

实都是还能用的东西，也没有地方处理，扔过几个旧手机，觉得挺可惜的。’……消费文化倡导在力所能及的条件下尽可能多地购买，新的款式、新的流行被不断制造出来，由此产生了大量的‘垃圾’。‘过度消费不改变，浪费现象就难以根除。’”①

媒体对过度浪费乃至背后的消费主义文化的指责是值得肯定的，但远远不够。因为将电子媒介垃圾产生的原因归结为个人的过度消费，不仅遮蔽了造成个人过度消费的经济、文化乃至符号性的动力机制，更是弱化甚至摘除了媒介促使这一动力机制得以运行的建构作用。事实上，当前电子产品的消费和电子媒介垃圾的产生与市场全球化和商品拜物教之间有着微妙的关系。在生产和市场全球化的时代，某个电子产品进入消费者手中时是孤立的，脱离于它得以形成的历史和社会语境。这种生产与消费的分野抑制了消费者审慎思考某个产品的环境影响。而商品拜物教则“清空意义，掩藏通过人类劳动而物化的真正社会关系，让假象的/符号的社会关系有可能在第二层表意系统中注入意义的建构中”，从而令消费者沉浸在被填充或移植来的价值、意义和快感中。②此外，大众媒介通过广告、推销或宣传在促成、强化商品拜物教与消费主义文化方面起到了必不可少的建构作用。

针对电子媒介垃圾这一典型的环境传播议题，大量媒介采用的是将个人消费与电子垃圾相勾连的话语策略，这不仅转移了媒介自身在消费主义的涵化效应方面应承担的责任，还将责任推卸给在生产消费链条中处于权力弱势的个体的、分散的消费者身上。从环境传播学学者肖恩·冈斯特对消费主义文化的批判立场来看，这一问题归因表面上凸显并放大了消费者主权和能动性，但内在地降低了以集体形式反对利润导向的市场经济意识形态的消费主义文化的可能。更重要的是，媒介的这类话语倾向于形成“意识形态的预防针”，即面对日益严峻的环

① 张文，银燕，靳博，等.“奢侈的垃圾”，刺痛了谁？[N].人民日报，2013-02-22（8）.

② 冈斯特.媒介、传播与环境危机：限制、挑战与机遇[J].纪莉，译.全球传媒学刊，2012（1）：35-52.

境危机，只需要个体消费者对自身消费行为进行微调即可。[①]更重要的是，这种话语策略回避了问题本源，缺乏对生产环节的拷问。传播学者达拉斯·斯迈思（Dallas Smythe）很早就指出，为了维持稳定的、高水平的利润率，"消费关系确定了产品设计中要有一定的折旧和破损性能（obsolescence and self-destruct qualities）。只有这样，产品才能在一个明确的相对短的时间内过期或者破损，从而必须被置换。材料和制作工艺因此被严格控制，以实现商品的核心部分会在短期内损坏。比如，一台家庭洗衣机昂贵的核心部件被设计成预期七年内更换，消费者就必须买一部新的"[②]。可见，电子媒介产品在生产环节中就已经植入转为电子垃圾的编程代码，甚至时间进程也都是设定好的，但是媒介对电子垃圾的归因阐释遮蔽了生产环节上的有意设置。

综上，电子媒介在生产源头上被有意植入寿命短、维修成本高的基因，匹配消费工业需要不断推出新产品的利润动机，电子媒介产品的使用价值被弱化，它们注定甚至是计划要成为垃圾。但流量化时代背景下的媒介往往不愿或不能将电子媒介垃圾复杂的生产关系呈现出来，相反，受消费主义文化的影响，大众媒介作为一种社会意义的赋予机制，在其广告、宣发、影视作品等内容中有意无意地涵化着"浪费是地位、权力和个人自由感的社会和政治展示"[③]。而反过来面对电子媒介垃圾问题时，大量媒介话语将其归因为普通个人消费者的过度浪费。

从上述的分析中，我们最终想强调的是，一方面，电子媒介垃圾本身以及生产电子媒体设备所需的资源开采、维持数字传播产生数据所需的能源需求，都意味着媒介、传播的物质性，它们并不外在于生态文

① 冈斯特．媒介、传播与环境危机：限制、挑战与机遇［J］．纪莉，译．全球传媒学刊，2012（1）：35-52.

② 斯迈思．自行车之后是什么？技术的政治与意识形态属性［J］．王洪喆，译．开放时代，2014（4）：95-107，94.

③ 刘于思，赵舒成．"洁净"亦危险：物质性和废弃社会视角下电子媒介垃圾的理论反思［J］．国际新闻界，2021，43（4）：74-92.

明建设；另一方面，媒介与传播在生态文明建设中有着复杂的面向，既是有益推动力量，又不时扮演着阻力角色。宣传生态文明建设成就、带动民众投身其中、协调具体议题中的冲突，将生态文明的远景理念植入人心，凝聚社会多方力量，是环境传播助力生态文明建设的题中应有之义。但在这种有益的推动力量之外，需要警惕的是环境传播与消费主义之间的深度勾连，并努力实现生态向度的转型。

二、创新生态文化治理，打造绿色公民

生态文明建设呼唤生态文化的形成，更需要绿色公民的自觉行动。文明与文化并不等同。文明意味着属于全人类共同的价值或本质，文化则强调民族之间的差异和族群特征。文明表现是全方位的，可以是物质、技术和制度，也可以是宗教或哲学，而文化一定是精神形态的。文明超越个别性、地域性和民族性的限制，具有全人类的普适性，它关心的是“什么是好的”。这个“好”是对全人类普遍的好。而文化是特殊的，适应于特定的民族、国家或地域的情形，关心的是“什么是我们的”，解决的是自我的文化与历史的根源感。[①]可见，中国作为曾经的轴心文明国家，也是一个在国际舞台上影响日盛的大国，在实现中华民族伟大复兴的道路上，其提出的生态文明理念必然超越一国一族，对全人类具有普遍价值。“生态文明建设关乎人类未来……‘孤举者难起，众行者易趋。’……面对生态环境挑战，人类是一荣俱荣、一损俱损的命运共同体，没有哪个国家能独善其身，我们必须做好携手迎接更多全球性挑战的准备。为了我们共同的未来，国际社会应当秉持人类命运共同体理念，追求人与自然和谐、追求绿色发展繁荣、追求热爱自然情怀、追求科学治理精神、追求携手合作应对，以前所未有的雄心和行

① 许纪霖. 中国如何走向文明的崛起［M］// 许纪霖. 何种文明？中国崛起的再思考. 南京：江苏人民出版社，2012：9.

动，勇于担当，勠力同心，共同医治生态环境的累累伤痕，共同营造和谐宜居的人类家园，共同构建地球生命共同体，开启人类高质量发展新征程。”[①]但生态文明的最终形成必然需要嵌入社会结构的生态文化以及践行生态文化的绿色公民。对此，媒介与传播是必不可少的力量。换言之，基于生态文明建设的环境传播必然要通过叙事与修辞的创新，在信息封装、情感传递的过程中达成生态文明观念和绿色生产生活理念的劝服，打造绿色公民，创新生态文化治理。

文化治理的内涵有着多元的解释，这与文化和治理的丰富层次相关。对于“文化”的阐释，一个绕不过去的学者就是雷蒙·威廉斯。他强调文化就是一种生活方式，是生活方式的凝结和提升，对推动社会进步有重要意义。按照威廉斯的理解，生态文化无外乎是遵循生态理念的生活方式。而对治理的关注是西方学者的一个传统，从葛兰西到福柯都有大量有关文化、权力和治理的论述。相较于葛兰西从宏观层面对文化霸权得以形成的阐述，福柯则在微观层面发展出权力和文化的治理术。直到当代英国马克思主义文化理论的代表托尼·本尼特在汲取前辈学者的智识经验基础上，提出了文化治理观。“托尼·本尼特所谓的‘文化治理’是治理理论的一种形式，其主要内涵对文化的治理性和参与性功能的强调，注重运用文化政策、文化技术实现文化研究充分融入社会治理过程……（这一观点）突出了文化与治理的关系，将文化看成是一种治理的技术与科学，一种国家和社会治理所需要的专门技术。”[②]随着党的十九届五中全会提出到2035年建成文化强国的战略目标和党的十七届六中全会作出深化文化体制改革、推动社会主义文化大发展大繁荣的重大决定，文化治理的研究越来越深入，但“乡村文化治理、社区文化治

① 中共中央宣传部，中华人民共和国生态环境部. 习近平生态文明思想学习纲要［M］. 北京：学习出版社，2022：99-100.

② 刘晓慧. 文化治理美学的话语特征与理论内涵：以托尼·本尼特为例［J］. 社会科学家，2022（11）：28-33.

理、民族文化治理、数字文化治理成为文化治理领域的重要议题”①，学界对生态文化治理的关注明显不足。

正如托尼·本尼特所言，文化治理的主体是复合的，国家、市场和社会都有其各自的显著作用。就生态文明建设而言，环境传播与相关媒介组织是生态文化治理主体的有机组成。同样，按照托尼·本尼特所说的，文化既是治理的对象，也是治理的手段，那么前文所论述的环境传播需要“警惕抵制消费主义，实现生态向度的观念革新”正是生态文化治理在媒介领域的一种内在要求。与此同时，环境传播与媒介力量作为治理手段的力量也需要激发出来。通过激活、再现具有中国本土特色与智慧的生态文化，激发人们重新思考什么样的生活是好的，人与自然应该建立何种舒适、和谐、可持续的关系，进而带动人们生活方式上的生态化转型，助力生态文明建设。

近年来，我国的环境传播实践在创新生态文化治理、打造绿色公民方面可圈可点。以热播的环保节目《一路前行》为例，它创新性地采用纪录片和真人秀相结合的方式，以知名度高的演员来提升受众兴趣，降低环保题材节目的接受门槛。节目选择可可西里国家级自然保护区、三江源国家公园作为拍摄地，画面呈现的是对城市人群来说颇为陌生的，多角度、多景别的秀美山河，以及灵动鲜活的动物奇观。三位演员携带着与普通受众生活现实的高度相关性开启了低碳环保之旅，展现了中国生态文化的多样性。一个值得称道的细节是，节目借助演员与专家的沟通，解释了三江源国家公园的先进管理方式，由具有传统知识和智慧的本地牧民担负起保护牧区生态的职责。这种极具本土特色的生态文化经由传播的力量被认可，这一点可以在横飞过节目的种种弹幕中被证实。

英国生物学家珍妮·古道尔曾言：“唯有了解，才会关心；唯有关心，才会行动；唯有行动，才有希望。”连接了解、关心与行动的那个力量正是环境传播。

① 肖波，宁蓝玉. 中国文化治理研究三十年：理论、政策与实践［J］. 湖北民族大学学报（哲学社会科学版），2023，41（1）：42-52.

第五章　建设性新闻视角下主流媒体环境传播的宣传与引导功能

20世纪末，欧美国家逐渐兴起“建设性新闻”（constructive journalism），被称为新一轮新闻改革运动。2017年，丹麦学者凯瑟琳·戈登斯特和美国学者凯伦·麦金泰尔尝试给出建设性新闻的定义，将积极心理学引入新闻生产过程，坚持新闻核心功能，兼顾社会效益和趣味性。目前，建设性新闻作为一种新的报道理念和实践方式，正在受到全球新闻工作者的关注。

建设性新闻关注社会民生，借助积极心理学建设，强调新闻报道应当以问题为导向，向读者提供语境和问题的解决方案，形成多元协同，给公众带来幸福之感。constructive journalism首次被引入中国学界时被译为“建构性新闻”，侧重框架理论，表明用积极态度的文本来选择、加工新闻，阐述意义。当前，更普遍称其为建设性新闻，其理念与我国新闻媒体历来重视的以正面报道为主等新闻理念和实践有很多相似之处。我国学者唐绪军认为，建设性新闻既是一种新闻实践，也是一种新闻理念，以社会问题为报道对象，倡导积极和参与。也有学者指出，建设性新闻是新时代马克思主义新闻观的落脚点，这些认识给新闻理论和实践研究带来了新的切入点。①

① 任俊燕.《中国环境报》“双碳”议题设置研究：基于建设性新闻视角的分析［D］. 重庆：重庆工商大学，2023：2.

目前，生态议题是一个全球性的议题，这使得生态传播行为也具有了全球性的特征。作为一种新的理念与实践方式，当前西方多家媒体尝试以建设性新闻的理念报道环境新闻。英国杂志《积极新闻》（*Positive News*）在其新闻报道中专门开辟了环境专栏；《卫报》《纽约时报》《华盛顿邮报》等报纸均涉及不少与环境议题相关的新闻报道。我国的环境新闻也与建设性新闻理念相交相融，且有趋同的发展趋势。

具体来说，生态环境传播在报道议题的角度、报道的倾向、报道语境的提供等方面，基本与建设性新闻理念相吻合，在多元协同方面与建设性新闻理念也有相交之处。有研究者指出，造成这种趋同的发展趋势有三个原因：从政府的角度看，新闻宣传政策要求以及正面宣传为主的方针，使得当前的环境新闻呈现出积极的公共导向和未来导向；从新闻行业的角度看，环境新闻的时代使命召唤应当从问题入手，多方呈现信源类型；从媒体自身的角度看，多年来的发展使得环境新闻不断拓展媒体自身的价值边界，使得环境新闻承担的角色越来越趋向于公共利益。综合来看，在理论层面上，建设性新闻的概念延伸了环境新闻的角色与功能，进一步拓展了环境新闻的价值边界；在实践层面上，当前我国环境新闻应当突出方案导向，寻求解决方案，突出公共趋向，加强多元协同，突出主动意识，加大赋权赋能，为推动我国生态文明建设发挥应有的价值与贡献。

第一节　传播信息：多元化新闻叙事动员社会关注

公众之所以需要新闻，主要是为了从中获取与自身利益相关的各种信息。当社会发生重大危机事件时，新闻媒体及时跟进相关报道，不仅是新闻媒体的职责和功能，更是对受众知情权的满足和回应。在环境新闻报道中，主流媒体充分发挥信息传播和舆论引导功能，及时发布权威信息，准确公开报道环境情况，回应社会关切，积极引导舆论，为共同战胜环境问题凝聚人心、增强信心，营造和谐社会氛围。

一、“自上而下”的叙事主题

传播学者拉斯韦尔在《传播社会的结构与功能》中提出了传播的基本社会功能，其中第一项就是环境监视功能。自然与社会环境是不断变化的，人类需要及时了解环境的变化，从而把握和适应环境的变化，以保证自己的生存与发展，获得安全感。受众对环境问题的认识主要来源于媒体的相关报道。各主流媒体则通过有组织、不间断的信息传播和新闻报道，满足公众获取信息、了解情况的需求，但环境议题的设置整体呈现出一种“自上而下”的议题设置特点。

有研究者指出，从整体上看，《人民日报》近10年来的气候报道信息来源分布广泛，来自政府组织的官方权威信息是第一信源，占比43.8%；权威专家学者则位列信源第二位，占比18.7%。[①]无论是内容还是形式，《人民日报》在生态环境等相关议题报道中均呈现出“自上而下”的报道形式（top-down-narratives）。“自上而下”的逻辑侧重于从政治领导的角度叙述故事，且都偏好使用“成果展示框架”，两者强调的均是“政府做了什么”，本质上是基于政治领导的叙事逻辑，这符合我国新闻工作正面宣传为主的方针，正确引导受众认识和科学分析我国改革开放和社会主义现代化建设中的困难和问题，着眼于改进工作、维护稳定，适时报道解决问题、克服困难的做法和经验；也符合我国新闻业“以人民为中心”的新闻理念与《人民日报》“党的喉舌”的媒体定位，可以起到稳定大局与凝聚力量的作用。

对于距离大众稍远的国际事件的报道，“自上而下”的叙事主题更

① 蔡进，曲宠颐.建设性新闻视角下我国主流媒体气候传播策略的十年流变：以《人民日报》为例［J］.科技传播，2023，15（7）：64-66.

加鲜明。在2023年日本核污染水排海事件报道中，《人民日报》就非常明显地呈现出这种“自上而下”的议程设置特点。日本政府于2023年8月22日宣布，日本福岛第一核电站核污染水将于24日起开始排海。日本政府无视反对呼声执意推进核污染水排海计划，引发日本国内和国际社会的强烈反对。我国外交部副部长孙卫东22日即召见日本驻华大使垂秀夫，就日本政府宣布将于8月24日启动福岛核污染水排海提出严正交涉。同日，外交部发言人汪文斌在例行记者会上回答有关提问时表示，日方此举极不负责任，中方已向日方提出严正交涉，将采取一切必要措施维护海洋环境，维护食品安全和公众健康。

紧接着，2023年8月23日，《人民日报》国际版（17版）报道了日本核污染水排海的相关新闻及我国政府的表态。《日本政府强推核污染水排海引发日本国内强烈抗议——“核污染水排放入海将在全世界开启恶劣先例”（第一现场）日本超八成受访者认为政府相关说明“不充分”》报道了日本各地渔业团体、市民代表、专家学者等连日来不断发起集会，抗议日本政府撕毁此前向渔业团体做出的承诺，认为日本政府漠视核污染水排海损害全球海洋环境和人类健康，是极不负责任的行为。

同日，《人民日报》发表新华社通讯稿《外交部负责人就日方宣布将启动福岛核污染水排海提出严正交涉》，以及该报记者采写稿件《外交部发言人回应日本宣布启动核污染水排海：已提出严正交涉》，鲜明地表达了我国政府对此事件的批评态度。

随着日本政府核污染水排海，国际舆论一片哗然。2023年8月25日，《人民日报》国际版（16版）对此用专版进行了报道。有反映国际视点的《国际社会强烈反对日本政府启动核污染水排海——“日方悍然将核污染水排海是对人类未来的极大不负责”》，也有反映我国相关部门负责人表态的《外交部发言人就日本政府启动福岛核污染水排海发表谈话》《海关总署：全面暂停进口日本水产品》《商务部回应我国全面暂停进口日本水产品》《中国驻日大使就福岛核污染水排海向日本政府提出严正抗议》《生态环境部（国家核安全局）相关负责人就日本启动福岛核污染水排海答记者问》《农业农村部相关司局负责人回应日本启动福岛核污染水排海相关问题》。《人民日报》还在《钟声》专栏发表评论《启动排海，日方将自己置于国际被告席——日方强推核污染水排海极端不负责任》，指出日方单方面强行启动福岛核污染水排海，严重危害全球海洋环境和世界人民健康权利，严重背离最基本的国际道义，严重违背国际法义务，充分暴露日方的自私和傲慢，必将成为日方长期难以抹去的一大污点。

8月28日的《人民日报》国际版（17版）继续报道国际社会的反映《各方强烈反对日本政府启动核污染水排海——“核污染水排海是一种暴行”》，同时发表评论《言行相诡，信誉亏空只会越来越大——日方强推核污染水排海极端不负责任》，尖锐指出“在核污染水处置问题上，日方所谓的信誉早已成筛子，处处是漏洞。对于言行相诡、毫无诚信可言的日方，国际社会必须敦促其纠正错误决定，停止核污染水排海，以真诚态度同周边邻国善意沟通，以负责任方式处置核污染水，接受严格国际监督”。

8月28日的《人民日报》国际版（17版）发布《中国驻日本大使就福岛核污染水排海问题进一步向日方阐明严正立场》。

在这一过程中，各大媒体持续关注日本福岛核污染水排海事件，报道数量迅速增加。主流媒体、自媒体、社交媒体的相关内容涵盖了国家政策、专家声音、排海实况、国内外声音等全方位、多层次的信息。从报道视角看，既有记者、观察者、记录者的客观报道，也有渔民等普通个体的个人主观视角，展现了全民抗议日本福岛核污染水排海的整体面貌。由此，该信息传播进入了多元角逐的媒体表现阶段。

就主流媒体的报道来说，主要还是“自上而下”的框架，自媒体则更多关注普通人的声音与视角，拉近了信息传播与受众之间的距离，这符合建设性新闻一直强调的两个重点：积极和参与，使生态相关议题不再是政府部门的“高层事务”[①]。

二、方案导向的叙事逻辑

凯伦·麦金泰尔认为，建设性新闻包含方案新闻、预期新闻、和平新闻和恢复性叙事（恢复性新闻）四大分支。方案新闻具有方案导向，在报道中侧重提供可行的解决方案或者对方案进行阐释、解读。预期新闻要求新闻记者提出着眼未来的问题，并呈现事件未来的发展趋势。和平新闻要求新闻记者在报道具有冲突对立的新闻时，应该引导公众理性分析，化解矛盾，促进社会和谐安定。恢复性叙事关注的是灾难发生时以及灾难之后的重建，重点放在解释发生的原因以及恢复工作的措施和进展。建设性新闻的四个分支普遍以积极心理学的要素为支撑，在具体的新闻实践中，可以根据新闻事件的具体属性，选择与其相符的建设性新闻报道理念融入新闻报道。对此，当前学界已经形成了共识。

媒体作为社会的瞭望者，有责任对生态问题进行实时报道与跟进。在生态文明建设的发展中，媒体确实发挥了直面问题的作用，承担起一定的预警者的责任。从建设性新闻的角度，媒体不仅要发现问题，还应提出建设性的意见或对策来解决问题，这就是建设性新闻的方案导向。

在环境新闻中，媒体及时地关注问题、反映问题，并积极寻求问题的解决方案，这是新闻媒体应有的责任和义务。突出环境报道的问题导向，寻求解决方案，要积极寻求多方合作。在我国媒体生态新闻报道中，突出问题导向、寻求解决方案、转变环境议题的报道风格鲜明。比如在2022年《中国环境报》对“双碳”议题的版面安排上，呈现“提出问题——分析问题——解决问题”的逻辑思路。[②]

---

① 庄金玉，樊荣. 主流报纸气候变化报道的建设性叙事话语研究［J］. 西南民族大学学报（人文社科版），2020，41（8）：150-154.

② 任俊燕.《中国环境报》“双碳”议题设置研究：基于建设性新闻视角的分析［D］. 重庆：重庆工商大学，2023：44.

《中国环境报》2022年3月28日的“双碳行动”专版报道中，《湖南明确“双碳”工作各阶段目标——2060年非化石能源消费比重逾80%》《建立碳计量基准 构建重点行业碳足迹数据库》《如何从源头遏制碳市场数据造假？——建立碳排放数据质量管理长效机制，督促重点排放单位和技术服务机构“守土尽责”》《浙江查处首例碳排放环境违法案——一公司未按时足额清缴碳排放配额被罚两万元》《哈密风电装备产业“乘风”前进——着力打造大型先进风电装备制造业基地》《海南立足优势深化蓝碳研究——采取“实体+联盟”方式，搭建交流平台》《太原打造三大节能环保产业集群——涉及新能源汽车生产、高效锅炉制造和节能电机制造》等报道从明确“双碳”目标、建立计量基准、发展节能环保产业、加强蓝碳研究、查处违法案例、遏制数据造假几个方面提出“双碳”治理方案。其中，该版头条新闻《如何从源头遏制碳市场数据造假？——建立碳排放数据质量管理长效机制，督促重点排放单位和技术服务机构“守土尽责”》，先提出问题：如何从源头遏制碳市场数据造假？再分析碳市场在关键数据上造假是为了获得配额盈余，从而谋取不当利益，最后又自问自答要建立碳排放数据质量管理长效机制，督促重点排放单位和技术服务机构“守土尽责”的解决路径。

《中国环境报》2022年4月11日的“双碳行动”专版报道中，《山东重奖举报碳排放数据弄虚作假——对9个方面违法行为实施有奖举报，最高奖励50万元》提出对9个方面违法行为实施有奖举报，最高奖励50万元的具体解决方案。同日，该版的《泰兴探索替碳捕碳等用碳新路径——多家企业获得排污权质押融资》具体报道了江苏省泰兴市主动谋划，抓住“双碳”机遇，围绕能源变革，大胆探索替碳、捕碳等用碳新路径，努力实现减污降碳协同增效，推动经济绿色转型、低碳发展的做法。

《中国环境报》2022年5月9日的“双碳行动”专版报道中，《企业如何把握低碳发展机会？——推进科技创新 盘活优势资源 实现绿色转型》就企业如何把握低碳发展机会，提出了推进科技创新、盘活优势资源、实现绿色转型三种解决路径。在实际报道中，这些新闻内容还包括数据、对案例的分析总结、H5图画的引导，完全让受众处在有逻辑、有条理的阅读体验中。

从相关方案导向新闻报道中，我们不难发现环境治理的几条路径。企业的发展是造成环境污染的主要原因之一，然而，造成环境污染不仅仅是企业单方面的原因，也有技术原因、政策原因。环保NGO也是环境治理中的重要力量，是公众意识觉醒的表现之一。另外，在环境治理中，政府与环保NGO之间关系密切，是一种主导与补充、平等与监督的关系。公众在环境事件中的地位更是不容小觑。环境问题关乎百姓的日常工作与生活，不仅仅是政治问题、经济问题，也是一项民生问题。在政策上，我国文明生态建设积极呼吁公众在环境事件中积极发挥力量；在舆论上，公众通过形成舆论压力，能够倒逼环境治理部门加强相关管理，推进问题解决。

第二节　引导舆论：贴近性情感叙事影响公众态度

新闻媒体的一个重要功能是反映舆论和引导舆论。新媒体环境下的生态传播舆情复杂，通过主流媒体的传播力打造以官方话语为主体的引导力，形成与政府、受众的有效舆论互动，能协助政府应对环境事件的管理。在许多环境事件的新闻报道中，主流媒体第一时间报道权威信息，抢占舆论引导的先机，然后通过正面宣传、典型报道、深度报道等，及时回应社会需求，形成健康、有序的舆论环境，实现了媒体舆论引导功能。

一、以正面宣传为主凝心聚力

坚持团结稳定鼓劲、正面宣传为主，是新闻工作的重要方针。面对生态问题，给予公众精神力量，凝聚社会共识，获得舆论支持，是主流媒体的社会责任。在许多环境问题，比如垃圾分类问题的相关报道中，主流媒体坚持正面宣传为主，牢牢把握舆论导向，充分发挥团结稳定鼓劲的作用，主动引导舆论朝着有利于解决垃圾治理问题的方向发展。

有调查显示，一直以来，《人民日报》在对垃圾治理的报道过程中，以正面积极鼓励的报道倾向为主，超过一半的报道主题内容是积极的。同时，对垃圾治理的报道内容进行分析，在报道中经常出现正面积极鼓励的词语，如鼓励、积极、激发、坚持、参与、支持、改善等，这体现了对垃圾治理工作的鼓励以及赞扬。在垃圾治理活动方面，主要是对垃圾治理行为的相关报道，宣传的倾向是积极的；在垃圾治理的典型人物方面，这些优秀人物在社会垃圾治理工作中的形象闪闪发光，增强对受众的感染力，作用上是积极的；在垃圾治理的成果方面，主要是针对垃圾治理中所取得的优秀成绩做出报道，集中在农村与城市。

比如，《人民日报》2017年6月2日16版的新闻报道《坚持17年，县城分类覆盖面超70%，投放准确率逾90%——垃圾分类的横县样本》中，从政府领导班子，到对垃圾分类工作的人、财、物的支持始终如一，再到对居民环保意识的宣传教育培训、居民分类投放、环卫分类收集、终端分类处理等，环环相扣，横县垃圾分类取得很好的效果。在《浙江淳安基本实现城乡垃圾处置全覆盖》（《人民日报》2018年10月13日10版）、《上海下足绣花功形成新时尚》（《人民日报》2020年6月22日1版）、《垃圾场变身大花园》（《人民日报》2020年10月9日8版）等报道正面鼓励的倾向下，受众逐渐对垃圾治理产生共鸣，进而采取相应的实际行动。

总的来说，《人民日报》在垃圾治理活动、垃圾治理的典型人物以及垃圾治理的成果的报道上，主要表现出正面积极的报道倾向，着力塑造正面鼓励的报道框架，有利于营造良好的垃圾治理舆论环境，推动大众积极参与垃圾治理工作。

二、以舆论监督回应公众质疑

舆论监督是媒体代表公众意志，对社会现实做出强有力的主动回应，通过监督社会环境推动社会发展。以正面宣传为主的方针并不是只能报道正面的、不能报道负面的，而是以正面报道为主，以舆论监督为辅。新闻舆论监督是新闻工作的重要内容。在许多环境事件报道中，主流媒体持续关注政府部门和公共机构的信息公开与防控举措，对民众关切的信息公开问题进行跟进报道，并在政府、公共组织和民众之间架起一座桥梁。

舆论监督的主体是公众。公众的广泛参与是新闻舆论监督产生效应的根本保证。《人民日报》在垃圾治理相关问题的报道来源上，一方面通过本报记者大量的实地采访进行事实报道，另一方面也有一小部分报道的来源是社会大众新闻，还有通过图片新闻进行的监督报道，比如2011年1月5日国际版（22版）《垃圾成堆》的新闻图片直观地表现出英国伯明翰地区因清洁工罢工，垃圾得不到清理而堆积如山的场景。

媒体搭建监督平台与渠道，将监督的权利交给了公众，充分实现了媒体的舆论监督功能。

三、以主动评论提升舆论引导能力

新闻评论，作为有观点、有态度的一种新闻报道形式，一直是舆论引导的有效利器和重要手段。在生态报道中，主流媒体通过把握新闻评论的主动性来增强新闻评论的现实指向性，提高主流媒体的议程设置能力和舆论引导能力。

在“7・21”北京特大暴雨的报道中，新闻评论的舆论引导作用得到凸显。2012年7月23日，《中国青年报》的评论《暴雨中见人心 北京精神在民间》是最早把暴雨中北京人表现出来的精神力量提高到北京精神的层面上来论述的文章。《人民日报》25日发表快评《智慧，迸发在危急瞬间》，赞扬普通人表现出来的互助精神。《北京日报》在7月24日配合新闻报道刊发了评论《向英雄们致敬》，引用了多篇新华社、《人民日报》等其他媒体的评论，提高评论的传播效果。《北京晚报》的舆论引导倾向鲜明地体现在23日的新闻评论中，该报评论版头条报道为《最强暴雨中，北京人感动中国》，同时转发了新华社评论《更强大的北京精神力量》,《中国青年报》评论《正能量的爆棚》、《人民日报》评论《深刻的一课》和中央电视台评论《百姓之间的爱心传递》。这也是在“7・21”北京特大暴雨中，我国内地主要传统媒体舆论导向的集中体现。[①]

舆论的多元化给人们提供了观察社会的多种视角，传统媒体的不同声音和报道角度汇合成了一个整体的舆论场。比如，一些媒体对个人遇险自救方法和意识的讨论、对城市排水系统的反思等，体现在新闻评论上就有《人民日报》的评论《莫让极端天气导致极端灾害》(7月25日人民时评)、《中国青年报》的评论《顺微博者得和谐，逆微博者失公信》(7月23日)和《逃生课，用时方恨少》(7月25日)等。在2023年“7・31”北京暴雨事件中，新闻媒体充分发挥了新媒体短、平、快的功能，产出大量的短视频，适应了受众群体碎片化的阅读特点，并且冲击力更强、互动更方便，也更需要主流媒体的主流舆论引导。这已经成为市场化背景下的舆论常态。

① 赵振宇，魏猛.在突发事件中不断提高舆论引导能力：以北京“7·21”特大自然灾害事件为例［J］.新闻与写作，2012(8)：25-27.

全媒体时代，新兴舆论场的生态环境瞬息万变，针对热点事件，特别是引发舆论风暴的热点事件，新闻媒体必须主动出击，避免在舆情倒逼时被动发声。暴雨期间，主流媒体通过议程设置，利用热点、疑点、难点话题发表评论，及时发表观点和解读，进行理性分析和引领，提升舆论引导力。

第三节　服务社会：理性修辞优化生态文明话语体系

党的十八大以来，习近平总书记站在构建人类命运共同体的战略高度，将生态文明理念融入人类命运共同体的构建之中，围绕新时代生态文明建设，提出了一系列新理念、新思想、新战略，通过媒体报道向世界展示了生态文明建设的“中国方案”和“中国智慧”，回答了“为什么建设生态文明，建设什么样的生态文明，怎样建设生态文明”等重大问题，有力促进了媒体表达的生态文明话语体系构建。

一、创新具有中国特色的生态文明话语体系

习近平总书记提出的“美丽中国”“坚持人与自然和谐共生”“生态兴则文明兴”“绿水青山就是金山银山”等丰富生动的生态文明相关话语，系统地回答了新时代我国生态文明建设的价值理念、战略举措等问题，为打造具有鲜明中国特色的生态文明话语体系奠定了坚实的理论基础。2020年，《人民日报》特设“美丽中国”系列报道，如反映人与自然和谐共生的“大江大河・关注长江禁渔”系列，反映“绿水青山就是金山银山”理念的“在希望的田野上”“小康路上绿色力量”“生态扶贫见成效”系列等，体现了“生命共同体”的价值理念和以人民为中心的

生态文明建设思路。

2016年底至2017年初，京津冀及周边地区出现了重污染天气。为及时回应社会各界关切，《人民日报》推出“七问雾霾”系列新闻报道。人民日报社经济社会部生态采访室主编、高级记者刘毅认为，这组深度报道之所以抓得准、敢发声、影响大，能够有效引导舆论，主要原因就在于对习近平总书记关于生态文明建设重要论述的深入学习，通过不断加强思想理论武装，较好地把握了时度效。[①]

习近平总书记指出：“良好生态环境是最公平的公共产品，是最普惠的民生福祉。”习近平生态文明思想在理论上妥善解决了人与自然之间关系的问题，是建构我国主流媒体生态文明话语体系的理论基础。

二、打造多元协同的生态文明话语主体

生态文明话语主体一般包括传播主体与诠释主体，他们在话语体系建构的过程中发挥着重要作用。进入新时代，构建中国特色社会主义生态文明话语体系必须树立“大宣传”理念，协调各方面主体力量共同努力。

首先，建构我国生态文明话语体系必须加强顶层设计。习近平总书记多次深入阐释“生命共同体”理念，讲述“美丽中国”故事，习近平总书记关于生态文明的一系列论述是我国生态文明话语体系的理论骨架。《人民日报》作为中国共产党中央委员会机关报，责无旁贷地对此进行了及时报道与阐释。

其次，构建我国生态文明话语体系需要相关部门以及各种社会组织等社会力量的广泛参与。我国主流媒体以大量篇幅报道了各级政府部门不断探索并丰富我国生态文明建设的总体思路，制定并完善符合中国实

① 郭媛媛，于宝源. 讲好生态环保故事①丨用“好故事”照亮中国生态环境之美［EB/OL］.（2022-06-24）. http://news.sohu.com/a/560603826_121106875.

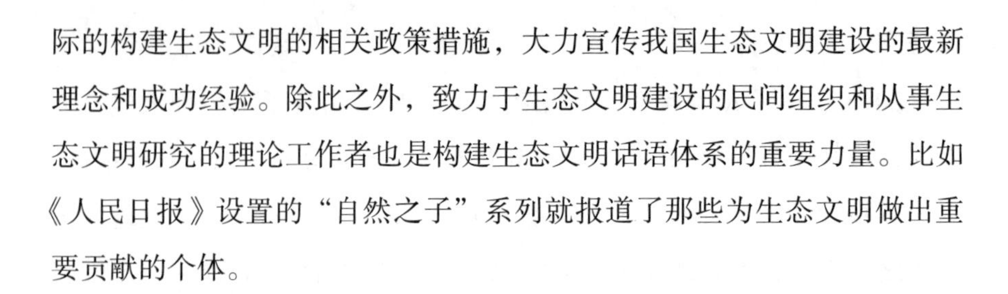
际的构建生态文明的相关政策措施，大力宣传我国生态文明建设的最新理念和成功经验。除此之外，致力于生态文明建设的民间组织和从事生态文明研究的理论工作者也是构建生态文明话语体系的重要力量。比如《人民日报》设置的“自然之子”系列就报道了那些为生态文明做出重要贡献的个体。

三、搭建融媒体生态文明话语传播平台

要从社会舆论多层次的实际出发，把握媒体分众化、对象化的新趋势，以党报党刊、电台电视台为主，整合都市类媒体、网络媒体等多种宣传资源，努力构建定位明确、特色鲜明、功能互补、覆盖广泛的舆论引导新格局。要充分认识以互联网为代表的新兴媒体的社会影响力，高度重视互联网的建设、运用、管理，努力使互联网成为传播社会主义先进文化的前沿阵地、提供公共文化服务的有效平台、促进人们精神生活健康发展的广阔空间。建构我国生态文明话语体系，就要考虑从传播方式、传播渠道、传播手段等方面提升生态文明话语体系的传播力度，扩大生态文明话语体系的影响力。

习近平总书记多次强调“过不了互联网这一关，就过不了长期执政这一关”。随着VR、人工智能、5G等新技术、新应用、新手段的不断发展，网络国际传播工作更便捷、更有效、更精准，“云对话”“云直播”等网络形式也为国际传播工作提供了新路径、新方法。我国主流媒体充分发挥互联网、新媒体及社交媒体平台的优势，善用短视频、直播、海报等网民喜闻乐见的形式，突出个性化定制、精准化生产、智能化推送，阐释我国生态文明建设的丰富内涵与实践成就，将“青山不墨千秋画，绿水无弦万古琴”的自然美景呈现给世界网民。

随着新媒体形式的不断出现，人类进入全媒体时代，2015年，媒体把全媒体平台冠以“中央厨房”称谓，实施“一次采集、多种生成、多

元传播”。这一媒体融合发展概念与实践引发关注，媒体纷纷仿效，打造“中央厨房”。目前人民日报“中央厨房”已经形成较为成熟的模式和架构，以内容的生产传播为主线，打造媒体融合发展的业务平台、技术平台和空间平台。这三个平台以人民日报社全媒体体系为起点，以全球传播为目标，旨在为国内媒体行业搭建一个公共平台，从而聚拢各方资源，形成融合发展、全球传播的行业合力。

2019年1月，习近平总书记在主持中共中央政治局第十二次集体学习时强调，“要坚持移动优先策略，让主流媒体借助移动传播，牢牢占据舆论引导、思想引领、文化传承、服务人民的传播制高点”。我们的主流媒体也应广泛利用抖音、微博、微信公众号等便捷的传播渠道，将我国的生态文明思想更好地传播开来。另外，还可以通过搭建多元化交流平台，拓宽传播渠道：借助学术交流平台，努力传播我国的生态文明研究最新成果；打造国际对话平台，积极主办主场生态外交活动，承办世界性的生态文明建设论坛，通过高层往来和政府间的交流对话，加强关于生态文明建设的政策沟通，将我国生态文明建设的理念与成功实践分享给世界，不断向世界传达我国构建公平合理的生态治理新秩序的现实诉求，为重塑全球生态治理格局提供中国方案。[①]

第四节　个案分析：《人民日报》“双碳”报道的议程设置

“碳中和”这一概念在2015年签署的《巴黎协定》中首次提出，直至2020年第七十五届联合国大会一般性辩论中，中国明确提出要在2030年前实现二氧化碳排放达到峰值，以及要在2060年前通过植树造

① 王冠文. 新时代我国生态文明话语体系建构的逻辑理路［J］. 山东社会科学，2021（11）：93-98.

林、节能减排等方式中和所排出的温室气体，使之相互抵消，实现总体上的“零排放”目标。中国的发声鼓舞了全世界人民应对气候变化的决心与信心，系统地为中国绿色低碳发展指明了引领性的目标方向，促进环境质量改善和产业发展。之后，大批中西方主流媒体对此展开多矩阵的海量报道，以“碳中和”为代表的中国经济绿色发展理念成为当下最新、最具生命力的世界性重点议题。

《人民日报》自创刊以来，版面的定位变化很大，目前工作日期间报纸通常有20个版面。总体来说，该报对于“双碳”（“碳达峰”与“碳中和”的简称）议题的关注目前还是更多地集中于生态环境方面，政府颁布的相关文件以及媒体做的相关科普专题比较缺乏。“双碳”议题起源于生态，其报道多在《人民日报》生态版面。碳排放的背后是经济问题，经济版面也会频繁出现“双碳”议题相关报道，这是碳能源作为经济发展的基础所决定的，如何在促进经济发展的情况下降低碳排放量，是经济版面的报道重点。少数报道也会因为版面有限被安排到体育版，另外，广告版的“双碳”议题报道，除了宣传一些低碳绿色产品，还会举办一些活动并诚邀广大群众参加，具有一定的互动意义。[①]《人民日报》作为党报，在“双碳”议题的相关报道中，既呈现客观事实，又表达积极情感，在展现内容信息的同时引导群众，营造积极向上的氛围和舆论环境。

一、权威及时报道时事政策，实现媒体的信息传播功能

（一）新闻报道权威客观、层次丰富

2020年9月22日，习近平主席在第七十五届联合国大会一般性辩论

① 冯菊香，罗婧婧.《人民日报》“双碳”议题报道的内容分析［J］.新闻知识，2022（12）：20-25.

上提出，“中国将提高国家自主贡献力度，采取更加有力的政策和措施，二氧化碳排放力争于2030年前达到峰值，努力争取2060年前实现碳中和”。次日的《人民日报》头版就发布了这条新闻。

2021年3月16日发布的报道《习近平主持召开中央财经委员会第九次会议强调　推动平台经济规范健康持续发展　把碳达峰碳中和纳入生态文明建设整体布局》中指出，实现碳达峰、碳中和是一场广泛而深刻的经济社会系统性变革，要把碳达峰、碳中和纳入生态文明建设整体布局，拿出抓铁有痕的劲头，如期实现2030年前碳达峰、2060年前碳中和的目标。《人民日报》也对此进行了及时报道。

之后，我国多次就减排减碳提出目标任务：党的十九届五中全会提出的2035年基本实现社会主义现代化远景目标中就包括“碳排放达峰后稳中有降”；中央经济工作会议再次部署做好碳达峰、碳中和工作。生态环境部于2020年12月31日发布《碳排放权交易管理办法（试行）》（简称《管理办法》），并印发配套的配额分配方案和重点排放单位名单。《管理办法》定位于规范全国碳排放权交易及相关活动，规定了各级生态环境主管部门和市场参与主体的责任、权利和义务，以及全国碳市场运行的关键环节和工作要求。以《管理办法》为统领，生态环境部还将制定并发布温室气体核算报告与核查、碳排放权登记交易结算等方面的规范性文件，共同搭建起全国碳市场的基本制度框架。

2023年10月19日，生态环境部、市场监督管理总局联合发布了《温室气体自愿减排交易管理办法（试行）》，以规范全国温室气体自愿减排交易及相关活动。这些关于中央领导或中央相关会议精神的及时报道，较好地满足了公众的知情权，也为响应中央号召统一行动提供了前提。

（二）报道新闻发布成常态，回应社会关切

如何通过新闻发布讲好生态环保故事是媒体热议的话题之一。

“十四五”时期是我国生态文明建设进入以降碳为重点战略方向、推动减污降碳协同增效、促进经济社会发展全面绿色转型、实现生态环境质量改善由量变到质变的关键时期。面对生态环境舆论的新形势、新变化，生态环境部高度重视新闻发布工作，建立健全新闻发布体系，让新闻发布会成为政府与公众沟通的重要渠道。与此同时，地方也在不断加强新闻发布制度建设，各地新闻发布工作不断迈上新台阶。

山东省生态环境厅建立全厅新闻宣传策划会商机制，推行“处长讲业务”制度，每月围绕重点工作，安排一位处长参与新闻发布，回应社会关切。四川省生态环境厅主动邀请省直有关部门和市、县党政领导参与新闻发布，构建起“生态环境故事大家讲”的工作格局。2021年11月，四川省生态环境厅特别邀请中国工程院院士、清华大学教授贺克斌参加新闻发布会，科学分析四川盆地长时间污染天气成因，既让公众知晓空气质量改善的难度，也让社会了解大气污染攻坚的力度，成为当日省内传播热度最高的话题。

《人民日报》的许多报道来源于生态环境部的例行新闻发布会、国家市场监督管理总局召开的例行发布会、中国环境新闻工作者协会主办的环境茶座等，紧紧围绕民众关心的与“双碳”息息相关的内容，回应社会关切。

《我国加速推进碳减排——碳排放达峰行动将纳入中央生态环保督察》（2020年10月29日）报道了生态环境部10月28日举行的例行新闻发布会，介绍了我国推进碳减排工作的相关情况。国家大力推动能源绿色低碳转型，对加快降低二氧化碳排放强度起到了强有力的支撑作用，截至2019年底，碳排放强度比2005年下降了48.1%。

我们为何要提出这样的目标与愿景？这会对产业、投资等领域产生什么影响？全社会该如何不断付诸努力？针对公众普遍关心的问题，《人民日报》2020年9月30日生态版新闻报道《减碳，中国设定硬指标》进行了回应。报道援引生态环境部应对气候变化司司长李高的观点，认为国家减排新目标为推动国内经济高质量发展和生态文明建设提供了有力抓手。不能只将达峰目标看作减少二氧化碳排放，实际上，这个目标是我国高质量发展、经济社会全面进步的重大推动力。报道同时指出，“双减”政策将有力倒逼能源结构、产业结构不断调整优化，带动绿色产业强劲增长。

工业是我国实现减排减碳的重要领域之一。近年来，我国在工业减碳方面有哪些新的探索和实践？要实现减碳目标任务，还需从哪些方面发力？针对这些问题，记者采访了工信部节能与综合利用司有关负责人及相关专家与企业，《工业减碳　发展增绿》（2021年2月1日）对此进行了报道。

以新闻发布会采访为基础，《人民日报》将“双碳”领域典型人物的看法、建议以及相关研究向公众传播，以营造积极向上的正能量社会氛围，形成完整有效的“双碳”议题报道体系。

二、正面宣传为主，实现媒体的舆论引导功能

新闻媒体的一个重要功能是反映舆论和引导舆论。新媒体环境下舆情复杂，通过主流媒体的传播形成以官方话语为主体的引导力，推动与政府、受众的有效舆论互动，然后通过正面宣传、典型报道、深度报道，及时回应社会需求，形成健康、有序的舆论环境，实现媒体的舆论引导功能。

当绿色出行、绿色消费正成为越来越多人的共识，绿色建筑、绿色社区也在不断融入城市的发展。《人民日报》于2020年10月28日开设“美丽中国・我们的节能生活”系列报道，关注大家身边的节能故事，展现简约适度、绿色低碳生活理念在不同领域的实践成果，号召大家“一起来，加入低碳出行”。

《快递包装有了绿色产品认证》（2020年11月12日）报道中指出，

率先推行快递包装绿色产品认证，在国际上尚属首例，是我国积极履行国际减排承诺、展现大国担当的重要体现，为推动全球快递包装行业绿色发展提供了中国方案。

《节能诊断 让工业更绿色》（2021年1月4日）报道中指出，工业和信息化部发布的《工业节能诊断服务行动计划》，首次在全国范围内针对能源管理基础薄弱的企业和重点高耗能行业开展节能诊断服务行动，并提出节能改造建议，以进一步提升工业能效水平、推动工业绿色发展。

《住建部发布绿色建筑标识管理办法》（2021年1月20日）报道中指出，该管理办法明确绿色建筑标识由住房和城乡建设部统一式样，并对绿色建筑标识的申报和审查程序、标识管理等做了相应规定。管理办法自2021年6月1日起施行。

《第四届进博会新设能源低碳及环保技术专区》（2021年3月18日）报道中，中国国际进口博览局副局长刘福学表示，能源低碳及环保技术专区的设立，有助于进一步提升进博会专业平台效应，聚集全球优势资源，为我国能源与环保企业搭建国际交流合作平台，推进我国能源低碳转型升级。

如今，在衣食住行等各方面，越来越多的人开始践行绿色消费，助推生产生活方式的绿色转型。《人民日报》等主流媒体将“双碳”领域典型人物的看法、建议以及相关政策、研究、做法向公众传播，以营造积极向上的正能量，形成完整有效的“双碳”议题报道体系。

三、拓展主体，积极构建多元话语体系

《人民日报》对“双碳”的报道初期，在报道主题方面多倾向于时事政策，信息来源主要是政府权威机构，提供的内容基本属于政策和条例解读，围绕“十三五”时期发展成就、“十四五”规划布局、《生物多

样性公约》、《巴黎协定》等展开对绿色经济建设、绿色生态治理等内容的报道。以权威、及时的报道，宣传“双减”政策，号召大家行动起来，为建设美丽中国、实现“双减”目标而努力。这一阶段，《人民日报》通过高品质内容与多种媒介形态，加深民众对政策的认知。

报道新能源转型、可持续发展等生态问题，确实需要依赖专业的精英团队以及权威专家的分析评论，但事实上，能源问题、生态问题、绿色发展问题与普通大众的利益密切相关，任何群体包括一些民营企业都是“碳达峰”“碳中和”目标完成过程中极为重要的一员，通过反馈才能改善行动。之后，《人民日报》新闻报道的主体拓展到社会公众及企业等。以社会公众为主体的报道穿插于“环境状况”“经验成果解读”“理论观点聚焦”等版块，描绘治理成果与现状。

民营企业是碳排放的重要主体之一，《人民日报》对民营企业进行“双碳”议题的系列采访，通过对比更深刻地展现民间声音。在呼吁政府权威机构、社会公众参与之外，将企业拉入环境保护的主体行列，体现出“企业不再唯市场竞争与经济发展论”的话语逻辑。以企业为主体的报道多见于“个案深度分析”版块，如“南方电网能源升级”“电子产业助力碳循环”等相关内容的报道，用以辅助扩充报道内容的多样性。由此，《人民日报》实现了在“双碳”报道方面多元话语体系的建构。

四、加强议程设置，推进“双碳”报道

一是继续加强政策报道的对策回应。《人民日报》紧跟政策议程对“碳中和”议题进行议程设置，还需在时事议程中加强对事件及其后续的及时报道。如针对《生物多样性公约》《巴黎协定》，不仅应报道各国成果及会议说明，还应展开对我国实际治理情况的解读。让如火如荼的现实进程和问题找到相应的观点和解决之道的报道，为受众提供新鲜

感，增强受众对新议题的参与热情，从而推动“碳中和”议题在社会中被构建和形塑的进程。[①]

二是将“双碳”政策面临的困境纳入议程设置。《人民日报》“双碳”议题的报道多呈现积极倾向，在报道取得可观成绩的同时，树立了党和国家的正面形象，激发了公众的认同感。同时也要关注到，中国经济结构调整和产业升级任务艰巨，更关乎民生大局，与社会的稳定息息相关，需要进一步思考如何平稳有效地过渡及相关技术问题。国家自上而下发布“双碳”政策，各地区、各部门、各行业应该有自己的行动方案，涉及传统产业转型、经济发展，兼具供给侧的生产行为和需求侧的消费行为的能源、工业、交通、建筑等重点领域，都需要媒体对其进行监督，防止其盲目地推进工作、脱离实际。《有力有序降碳 促进高质量发展》（2021年12月7日）对此有所涉及。报道指出，“实现碳达峰、碳中和是一场硬仗，绝不是轻轻松松就能打赢的；作为发展中国家，我国发展不平衡不充分问题仍然突出，能源结构以煤为主，要在较短时间内大幅降低煤炭消费占比，还需要攻克许多难关……这意味着，我国二氧化碳等温室气体减排的难度和力度都要比发达国家大得多”。报道并没有将我们面临的困难讲透，读者对问题的艰巨性和复杂性难以感同身受。而且，涉及这类内容的报道也比较少。

三是加强监督报道，提升公众绿色经济素养。我国提出涵盖人类命运共同体视域下的绿色经济发展理念，为人民谋求长远的福利，其行动主体除了切实利益相关的企业、有监督职能的政府权威机构，作为主要受益者，社会公众自然是行动的主力军。需要公众的充分参与，环境协同治理离不开公众绿色经济素养的提升。[②]《人民日报》应加大社会化监

---

① 孙玮. 转型中国环境报道的功能分析：“新社会运动”中的社会动员［J］. 国际新闻界，2009（1）：118-122.

② 王积龙，纳芊. 我国环境污染中的传播失灵与重建［J］. 新闻界，2019（9）：43-50.

督或非政府组织监督的报道，为读者起到良好的示范和带头作用。

基于此，主流媒体唯有囊括微观与宏观层面，与企业、公众、主流意识结合，形成多元一体的同心圆，才能有效推动“碳中和”议题的发展。

第六章　风险视域下主流媒体生态传播的监督与治理功能

“风险社会”是德国社会学家乌尔里希·贝克提出的，他认为，风险社会实际上是伴随着科学技术的进步，现代化发展的一种结果。该理论所反映和要解决的是发达国家在进入后工业化社会后所出现的一些社会现象和社会问题。那时，大多数工业化国家民众开始担忧日常生活中随时可能出现的风险：全球生态环境的恶化、工业化活动带来的污染和破坏、有害工业化学物的储存和运输、后核工业时代发生严重事故的可能性，以及食品安全等，都成为重要的风险因素。

我国虽然是发展中国家，但经过改革开放40多年来的高速发展和社会转型的快速推进，也提早进入了风险社会。风险社会这一理论为我们思考社会发展问题提供了一个全新视角，新闻媒体在其中扮演了重要的角色。作为“瞭望哨”的新闻媒体，自然成为风险信息的权威发布平台。同时，新闻媒体还可以通过议程设置等方式吸引公众关注议程所设置的内容，正确地发挥舆论引导作用，有利于促进社会的和谐稳定发展。

早期，风险传播仅仅被看作专家具有的一项传播技巧，专家将风险信息传递给公众，传播形式是单向的。后期人们认识到这种单向式传播的局限性，并将风险传播过程重新定向为个人、组织与机构之间进行信息、观点交流的互动过程。沿着这样的传播思路，成功的风险传播不在于传播者说服受众接受其观点、意见，而在于通过信息传播提升了对相关议题以及降低风险措施的理解水平，让人们因为对风险信息的知晓而满足。

由此可见，风险传播经历了从单向传播到双向传播、从内容导向到过程导向、从注重消极说服到鼓励受众参与的范式转化，而这些在生态传播、环境新闻的具体实践中也均有体现。

第一节　监测社会环境：回归环境风险议题，引导公众舆论关注

2019年1月25日，习近平总书记主持中共中央政治局第十二次集体学习并发表重要讲话，他强调，全媒体不断发展，出现了全程媒体、全息媒体、全员媒体、全效媒体，信息无处不在、无所不及、无人不用，导致舆论生态、媒体格局、传播方式发生深刻变化，新闻舆论工作面临新的挑战。这是总书记站在时代高度，站在科技前沿，对现阶段媒体特征的精辟概括，也是对媒体融合发展方向的精准定位，更是对新闻舆论工作形势的精确论断。

随着全媒体的发展，互联网给予多元利益群体公开表达的机会，也给社会整合带来巨大的挑战。互联网也已经成为意识形态斗争的主战场。

因此，我们的媒体在生态环境的风险传播中需要对内凝聚国家力量，对外塑造国家形象，而守好互联网、占领主阵地，打赢国际舆论战，任重道远。我们必须善用议程设置，树立“主动引导才能有效引导”的理念，发挥媒体议程设置功能，主动出击，积极引导。

一、议题选择：政策议题、媒体议题与公众议题相统一

议程设置是指大众传媒有一种设置公众议事日程的功能。这个理论

由麦克姆斯和肖在1972年提出，核心的观点是大众传播媒介在一定阶段内对某个事件和社会问题的突出报道，会引起公众的普遍关心和重视，进而形成社会舆论讨论的中心议题。从这个概念当中我们不难看出，媒体的议程设置可以引导公众舆论。

自议程设置理论提出以来，关于这一理论研究就有两个关键问题，第一个问题是“谁设置了公众的议程”。在传统媒介环境下，新闻媒体“通过反复报道来提高某一议题在公众心目中的地位”，一般被认为是“媒介议程设置了公众议程”。那么就有了第二个问题，也就是“谁设置了媒体的议程”。

麦克姆斯和肖通过研究得出结论：“提供新闻消息的主要信息源、其他新闻机构以及新闻规范与传统是设置媒体议程的三个关键因素。”[①] 其中政府和其他媒体的议程设置是影响媒介议程的两个主要方面。技术降低了受众接触和使用媒介的门槛，改变了新闻传受关系，也改变了议程设置过程之间的关系。

新闻实践是新闻传播活动的反映。在新闻传播活动的过程中，新闻传播主体是多样的，包括新闻传播主体、新闻控制主体、新闻收受主体以及新闻源主体。传统的议程设置主体通常是狭义的，即职业新闻工作者，他们实际上是媒介议程的设置者。但媒介议程也会受到其他活动主体的影响，在传统的大众传播环境下，政府作为新闻控制主体对于媒介议程的影响是隐形的，但在新媒介环境下的风险报道中，有关社会问题的政府工作人员、有关部门负责人走到了台前，和专家学者、公众等共同商议问题的解决方案，在媒介议程的呈现中，政府的政策议程对媒介议程的作用逐渐显性化。同时，由于技术弱化了传统媒体对于信息渠道的垄断权，公众可以随时随地获知信息并参与讨论。新闻传播也将公众的意见纳入媒介议程，形成舆论的合力。也就是说，在新媒介环境下，

① 高宪春.微议程、媒体议程与公众议程：论新媒介环境下议程设置理论研究重点的转向［J］.南京社会科学，2013（1）：100-106，112.

议程设置主体不再完全是职业新闻工作者，而是将公众也纳入媒介议程的设置中，同时政府政策议程对媒介议程的影响显性化，这些都更好地促进了三者之间的交流与互动，以便更好地发挥议程设置功能，促进社会的良好发展。

比如，我国主流媒体对垃圾分类的报道。从新闻价值的角度分析，这个选题具有重要性，也就是说垃圾分类有助于绿色发展、环境保护和资源利用，对国计民生有着重要且深远的影响和作用；同时，它也与我们的生活密切相关，与我们的自身利益密切相关，具有接近性。

客观来说，垃圾分类工作的贯彻和落实需要政府主导，但是同样少不了社会组织和公众的广泛参与。但是，垃圾分类工作的核心推动力还是贯穿于垃圾分类工作从启动、推行直到全面实施的全过程的政府政策和决议。在这个议题的报道中，媒体大量采用政府部门的信息对垃圾分类进行报道，其中关于政策法规的发布与详细解读更是媒体报道的重点。例如《人民日报》的报道《上海　下足绣花功　形成新时尚》《垃圾分类处理，长兴有了长效机制》，都是以政府关于推进垃圾分类立法和政策制定的工作为基础展开报道。而题为《科学系统推进垃圾分类工作》《养成好习惯　改变看得见》的报道均是《人民日报》从政策执行角度对垃圾分类的推进情况进行的跟踪报道。此外，分析这些报道内容，还能发现大量与政府垃圾分类政策有着直接或间接关系的词汇，例如法规、政策、推动、执行、开展、监督等在报道中被反复使用。由此可见，《人民日报》在进行垃圾分类报道的过程中，会通过构建和使用政策核心报道框架，以达到自身媒介动员的效果。

垃圾分类工作的开展除了需要政府主导，更多的是需要全民参与。而由工作与意识的转变，转向行为的改变，是需要媒体实施行为对策框架的。通过对《人民日报》垃圾分类相关报道的梳理不难发现，媒体在垃圾分类的报道过程当中，有一类是报道国内外先进垃圾分类经验和专家学者的科学分类建议，为垃圾分类行动提供相关的建议和对策。这说明《人民日报》在垃圾分类的报道中发挥了宣传教育功能，尝试通过科普对公众进行潜移默化的教化，以此来影响公众的行为。

总的来说，在垃圾分类这个议题上，政府发出垃圾分类的倡议之后，媒体跟进报道，采用大家喜闻乐见的形式，播发了很多新闻，宣传了国家政策，也策划了活动报道，推广做法；同时，多媒体平台制作融媒体产品，增强新闻报道的吸引力；还有媒体借助卡通形象，引导低幼群体。微博话题榜排行靠前的也都是关于垃圾分类的话题，阅读量过亿的是“垃圾分类就是新时尚”。由此，美好生活从垃圾分类开始的理念已经深入人心。

从议程设置的角度看，这个风险报道的议题先是政府议题，进入媒体视野后成为媒体议题，后来又在媒体的宣传报道和舆论引导下成为公众议题，形成了社会共识，并化为自觉行动。

也就是说，我们要选择那些对政府来说值得关注的，对媒体来说有新闻价值的，对公众来说与他们的利益密切相关的问题进行议程设置，才能进行有效引导。重大主题事件、突发公共事件或网络热点事件均是如此。垃圾分类这个议题在政府、媒体和公众三方的流动中，最终形成了政策沉淀，2020年9月25日，北京市第十五届人民代表大会常务委员会第二十四次会议表决通过《关于修改〈北京市生活垃圾管理条例〉的决定》。

二、议程实施：解困式新闻、公共性重建与故事化叙事相结合

“解困式新闻”的概念最早由《纽约时报》的专栏作者大卫·伯恩斯利提出，强调新闻报道不仅要关注对已发生事实的报道，更要关注有效的解决方案，并且利用相应的数据证明其有效性。解困式新闻一般具有以下特点：能分析社会问题的成因；能阐述解决问题的具体方案；紧

扣公共利益；聚焦公民与社区参与制定和实施公共政策。

（一）风险社会呼唤解困式新闻

清华大学教授王君超认为，中国社会转型时期的问题很多，媒体应该将解困式新闻的理念融入报道中。在当前“风险社会”的背景下，清华大学教授史安斌认为，以“解决问题、摆脱困难、推动进步”为核心诉求的“解困”型新闻正日益成为主流的叙事范式之一。[①]

在一些主流媒体对环境新闻的报道中，基本遵循的也是一个由发现问题、传达问题到启发思考、引发讨论再到集纳众议、形成合意的过程，这是一个符合新闻传播特性与规律的过程，是大众媒介自身角色转型并推动受众角色转型的过程。大众媒介从信息提供者向求解问题者转型，不是仅仅将受众放在信息的被动接受者的位置，而是引导受众成为事件的主动参与决策者。

（二）重视公共性重建

我国新闻传统历来强调做群众工作，这是记者的三大工作之一。媒体要从群众中来，到群众中去，利用热线电话、网站爆料、微信社群等各种渠道，广泛听取群众的呼声与诉求，核实报道，为民服务。新闻媒体工作者进行新闻生产时往往会从社会民众诉求数据中寻找选题，通过政策解读与民众诉求的结合，发挥新闻媒体上情下达、监督传播的功能。

比如发生自然灾害后，受众对安全的感知与对外部权威信息的获取、主动检索应急信息的需求激增。美国传播学家鲍尔·洛基奇和梅尔文·德弗勒提出的“媒介依赖理论”（media dependency theory），阐释了受众依赖媒介及媒介资源与社会体系发生互动、满足需求、达成自

① 胡晓哲. 解困新闻学视域下的环境新闻报道研究：以《人民日报》雾霾新闻报道为例［D］. 重庆：西南政法大学，2017：7.

我目标的方式。[①]在今天的自媒体时代，传统广播电视等主流媒体的音视频报道具有信息权威及时性、生产把关严谨性、音视频报道画面真实性等优势，不断强化受众的媒介依赖，在应急状态下自然成为受众主动进行信息检索的首选。主流媒体将突发自然灾害事件的最新进展广而告之，将党和政府的应急管理状态传达给公众，将决策、执行的过程与结果向社会面传达，从而形成全社会共同防灾减灾救灾的心理共振状态。

在应急状态下，公众获取权威信息是最基本需求，认知强化与情感矫正是其深层次心理需要。广播电视等主流媒体可以通过策划选题、深度报道等，采用回应式、引导式、批评式、监督式报道取向进行议程设置，疏导社会情绪，修正认知，塑造应急社会心理。这在自然灾害类突发事件中表现得尤为突出，例如郑州"7·20"特大暴雨灾害报道，2021年7月20日当天，河南交通广播播放了记者亲历的地铁5号线求援、救人、互助的报道；7月22日开始，河南及郑州的主流媒体通过短视频形式大量传播民间自救信息，为整个城市灾后阵痛期的社会心理提供了疏导与再塑造渠道。

（三）以小见大的故事化叙事

柏拉图曾说："谁会讲故事，谁就拥有世界。"在坚持新闻真实性的前提下，适度的故事化表述有利于吸引观众注意力，扩大新闻的传播范围，在风险信息传播中也是如此。而且因为风险本身蕴含着大量的矛盾冲突，也更加具有故事性与吸引力。拥有多年新闻实践和教学经验的美国作家杰克·哈特在其《故事技巧：叙事性非虚构文学写作指南》一书中阐述了"叙事弧线"理论，为新闻事件故事化提供了可行思路。杰克·哈特指出，叙事弧线在任何一篇完整的故事中都会经历五个阶段：阐述、上升动作、危机、高潮（困境得到解决）、下降动作（结局）。

---

① 杜艺.突发事件情境中社交媒体用户应急信息搜寻行为影响因素研究［D］.太原：山西大学，2021：18.

在阐述环节，针对事件发生的前提或者相关背景等基本事实做必要的介绍，同时还可通过控制信息流的方式制造悬念，引发观众的好奇心，这往往用于新闻短片的导语部分。上升动作环节有助于增强故事张力，涉及情节、悬疑、意图起伏等元素，通常处理方式为沿着故事主线，展现人物面临的真实情况，以及得以解决或者部分解决的小困境，并由串联段落，巧妙地为更大“危机”的到来埋下伏笔，提升观众的观看兴趣。危机环节是新闻故事化叙事弧线的尖峰，可以在保证新闻真实的前提下，巧妙地引用或设计危机情节，以突出故事的紧张感。这个环节通常是新闻事件冲突感最强、最能牵引受众内心的部分。高潮环节是危机得以解决的部分，通常是由故事人物（包括个人、机构、组织等）通过自身努力解决故事矛盾和困难，最终结果可以是获得成功，也可以是问题仍未得到解决。下降动作环节，也是故事的结尾部分。在这一阶段，新闻报道需要交代整个新闻事件的结果和事件关键人物的情况，必要时做相应的新闻评论，升华新闻主题和意义。[①]

第三十届中国新闻奖电视消息一等奖《贺兰山生态环境整治后　大批野生动物重回家园》作为环境新闻优秀作品代表，在故事化叙事方面设计精巧。导语部分简略地交代了新闻事件的背景，随后提到“头鑫煤矿整治修复区位于石嘴山市石炭井贺兰山腹地……记者发现了岩羊的踪迹”，引发受众的好奇心，驱使受众继续观看，整段叙述简洁有力、设计巧妙。之后的新闻报道沿着记者的足迹展现了故事的“主人公”岩羊、石鸡等的生存状态和生活环境；然后引出一个正在进行整治修复的硅石矿场，它的治理情况、治理办法、治理成效等都是受众最关心的内容；随后以最自然的方式将新闻最有价值的部分以最引人注目的方式推出：解决贺兰山生态环境问题，建立该生态环境保护长效机制的有效方法；最后升华了创建绿色生态环境的主题。

① 冯林林，张洪明．环境新闻故事化报道的方法和技巧探析［J］．新闻世界，2023（10）：75-77.

另一篇获奖的环境新闻作品《请过路吧，亲爱的藏羚羊》，是一篇关于青藏铁路建设者开辟专用通道以确保藏羚羊迁徙不受影响的报道。报道开篇对藏羚羊跨越铁路的描述以及对夜间施工现场的描述都是细节刻画。这种细节的描述既增加了新闻叙事的故事性，字里行间也流淌着爱护环境、爱护动物的主题思想。而且微观叙事与宏观叙事、显在叙事与潜在叙事相互交叉，最后升华主题：青藏铁路开工后，环保理念渗透到建设者的血脉之中，青藏高原成为他们心中环保的圣地。

第二节　实现社会调节：注重话语修辞，推动多元社会治理

与国外环保运动大多在公众和民间环保组织推动下“自下而上”开展相比，我国始自20世纪70年代的环保运动基本遵循着政府主导的模式。政府既是政策法规的制定者，又是执行、管理和监督者，同时也是环保宣传的责任者，几乎承担了环境保护的全部职责。在这一模式的作用下，环境报道从一开始就成为政府主导的环保工作的重要组成部分，肩负着环保宣导和舆论监督的重要职责。随着社会不断发展和公众环境权利意识逐步觉醒，既有的报道模式已不能满足公众日益增长的需求。面对这一挑战，新闻媒体开始尝试改变原有的行政主导模式和市场化消费主义逻辑，重新构建环境新闻的公共性，进而推动政府、公众、民间组织等多种力量围绕环境有效治理这一共同目标展开良性互动。比如，我国媒体在汶川地震等自然灾害报道中通过多视角、多层面、立体式、人性化的报道赢得了更多的话语权和主动权，并在“怒江建坝”“厦门PX项目事件”等公共环境议题上开始积极尝试构建政府与社会理性协商的“公共领域”。

环境问题不是一个单靠政府行政管理、科学技术或大量金钱投入就

能解决的问题，急需公众、环保民间组织等多种社会力量共同参与。不论是政府主导下的环境治理还是媒体环境报道，公共性都是最基本的要求。所谓传媒的公共性，指的是传媒作为社会公器服务于公共利益的形成与表达的实践逻辑，它主要体现在三个方面：第一，传媒服务的对象必须是公众；第二，传媒作为公众的平台必须开放，其话语必须公开；第三，传媒的使用和运作必须公正。①

公共性本是传媒的基本责任，但在政治逻辑与商业逻辑的双重制约下，很多媒体在风险规避中回避公共性，在商业利益的追逐中放逐公共性，在泛娱乐化的制造中消解公共性，致使作为公共议题的环境报道未能服务于公共利益。这种缺失主要表现在，在社会责任与市场环境的博弈中，弱势群体的环境权益、农村环境污染等话题被长期忽视；环境新闻大量淹没在繁杂的经济、社会新闻之中，导致媒体缺乏真正意义上的“环境公共事务讨论空间”。没有公共性就没有公民参与，为了弥补上述缺失，需要政府和媒体积极调整原有的行政主导模式和市场化消费逻辑，以重建公共性为契机，努力增强媒体的公共责任，让更多公众参与表达与博弈，实现“政府—社会”在开放、平等、公正和理性空间中的良性互动，促进环境问题的有效治理，进而使政府在积极回应公众现实需求的过程中实现善治。

一、保护公民“四权”，重建媒体公共性

“公共新闻”是20世纪90年代在美国兴起一场声势浩大的新闻改革运动，其理念是新闻记者的工作不仅仅是报道新闻，满足公众的知情权，还应该致力于提高社会公众在获得新闻信息基础上的行动能力，关注公众之间对话和交流的质量，帮助人们积极地寻求解决问题的途径，

① 潘忠党.传媒的公共性与中国传媒改革的再起步［J］.传播与社会学刊，2008（6）：1-16.

告诉社会公众如何去应对社会问题，而不仅仅是让他们去阅读或观看这些问题。[①]

“公共性”一词由“公共”（public）派生而来，指的是“作为整体的人民或社群”。近年来，信息公开等一系列制度的建立，显示出媒介化时代政府适时调整执政观念的持续努力。发展社会主义民主政治与保护公民的知情权、参与权、表达权、监督权是内在逻辑的统一体，二者互为保证、互为前提。保护公民的“四权”，重建媒体的公共性，关键在于政府在推进制度化建设的同时，能否以更加成熟和自信的心态调整媒体改革发展战略，纳入“公共性”准则，并为其提供更加自由、开放、民主的体制保障。

知情权（right to know），又称为知悉权、咨询权、信息权或了解权。知情权是一种信息的获取权，它涉及诸多公共领域、政府行政领域的信息。现代民主制度要求保障公民有效地参与民主决策过程，这就要求国家行政部门对国家机密以外的、公众要求了解的行政信息进行公开。从这个意义上讲，民众的知情权同政府信息公开是紧密相连的。当今世界，知情权已经成为一项被国际社会普遍接受的权利准则。欧美、日本等国家相继制定了一系列政府信息公开、保证公民知情权的法律法规。在我国，早在党的十七大报告当中就明确指出，“要健全民主制度……保障人民的知情权、参与权、表达权、监督权”。要保障民众知情权，政府必须推进信息公开，让权力在阳光下进行。

1987年，党的十三大报告明确提出，要倡导“提高领导机关活动的开放程度，重大情况让人民知道，重大问题经人民讨论”。此后，我国陆续制定了一些相关政策法规，力图通过“两公开一监督”（1988年中共中央书记处提出的“办事制度与办事程序公开、办事结果公开，接受群众监督”原则）、“政务公开”、“警务公开”、“村务公开”等方式，

① 李凌凌. 重建媒体的公共性：“后真相”时代的传播危机［J］. 当代传播，2018（2）：59-63.

推进政府信息公开走向常态。进入21世纪后，我国逐步从法规上搭建了媒体自主进行突发事件报道的开放空间，相关政策和法律法规陆续出台。

媒体不仅是意识形态宣传、环境意识教育、舆论监督的工具，它还具有社会瞭望、风险预警、保障公民权益的公共职能。因此，媒体应该选择那些既符合政策议题，又具有重要新闻价值，同时符合公众议题的环境议题；既反映政策、宣传政策，又反映公众舆论和心声，成为政府和人民的喉舌，做好桥梁和纽带，促进政策的改进，实现政府与人民之间积极有效的合作，并进一步提升决策的科学性、合法性与环境治理的有效性。

重拾媒体的公共性，需要新闻工作者踏踏实实“走基层”，发现群众的主要关切和利益所在，并协助他们寻求改善的方法与路径；需要媒体把监督权力运作、改善公共生活当作自己的使命；需要媒体承担社会责任，用主流价值观团结受众，通过专业品质的报道重建职业尊严。

二、促进公民社会培育

“公民社会”本来是个西方概念，后植入中国话语体系。公民社会的组成要素是各种非政府和非企业的公民组织，包括公民的维权组织、各种行业协会、民间公益组织、社区组织、利益团体、同人团体、互助组织、兴趣组织和公民的某种自发组合等。

当前，受众不仅仅是媒体信息传播的对象、纯粹的广告目标市场、“商品化”的受众，而是有知情需求、协商需求、监督需求、决策参与需求的公民。随着我国法治进程的进一步推进，以及经济发展水平的显著提高，公民的参与意识和批判精神也越发强烈。借助媒体发声，积极主动地去参与社会生活已成为民众的一大诉求。面对汹涌而来的信息，民众不再是以往单纯的接受者，而是开始思考、判断、质疑、选择。这种变化本身就是理性意识和参与意识的觉醒。尤其是在网络与新媒体广泛运用的今天，民众对公共事务的参与热情不断提高。面对不断觉醒的公民意识，在重建环境报道的公共性时，媒体首先需要将“公民”概念引入受众观。公民的概念强调“社会公器”是新闻媒体的核心职能之一，新闻工作应该向社会公众负责，强调新闻记者是社会的观察者、事实的报道者。

公民社会培育的重任是对媒体更高层次的要求。由于媒体本身就是公民社会建设的非制度性、非正式的环境条件，并且在环境议题方面，我国民间环保组织多年来发展壮大的实践也证明，媒体在促进公民社会培育、提升环保组织合法性等方面的确发挥着重要作用。同时，要让民众成为公共事务的参与者，具有理性、自主意识的个体。民众能借助媒体行使自身的话语权和监督权，积极主动地参与社会公共生活。①

三、坚持新闻报道的真实性原则

真实是新闻的生命，新闻工作者首先要坚持实事求是的原则，尊重事实，真实、全面地采集、处理和呈现新闻信息。

首先，对于社会上发生的具有新闻价值的事实，不遮蔽、不遗漏、不夸大、不炒作，尽力为公众理解社会现实的变动提供一面镜子。在环境议题报道上，媒体应通过公开、公平、公正的新闻报道，满足公众对有关环境信息、风险的知情权以及对决策组织的监督权，努力构建多方协商的合适平台，促进权利和权力的良性互动与对话沟通，成为公众表达利益需求、参与公共议题决策的重要通道。

其次，及时、准确、客观地报道实时信息，尽可能从表面信息的呈现进入深度信息的反映，以此作为公众把握社会变动的“搜索器”。

---

① 王丹. 我国主流媒体公共性研究：以央视为例［D］. 西安：陕西师范大学，2015：47.

最后，在注意客观真实的前提下，全面、公正、均衡地报道事实，尽可能呈现事实子系统在社会总系统中的真实位置，给公众提供了解社会现象的正确地图。在与民间环保组织的合作上，媒体一方面需要加大合作力度，推动从单纯的环境保护到更为深层次的社会公正、民主决策等方面的讨论与反思，另一方面也要发挥监督作用，促进环保组织的健康发展。

真实性是新闻的生命，要根据事实来描述，既准确报道个别事实，又从宏观上把握和反映事件或事物的全貌。新闻采写固然要报道事实，但仅仅报道事实的表象是不够的，还要报道事实的真相，其所呈现的媒介现实应与社会现实相对应。①

由于公众基本上是依赖媒体来了解环境信息、理解环境问题，所以媒体还需要在公共性基础上提升新闻报道水平，提供专业化的新闻服务，科学、合理地引导公众认知和参与，并推进政府决策迈向科学化、民主化，使新闻媒介成为提升公民精神、构建公民社会的重要途径。

第三节　个案分析：《南方周末》“绿色”传播的话语建构

《南方周末》创办于1984年，由南方报业传媒集团主办，是中国深具公信力的严肃大报，也是中国发行量最大、传阅率高、影响广泛的新闻周报。期均发行量在120万份以上，覆盖全国各大中城市。作为最早进行市场化营销的报纸之一，《南方周末》曾获“2003艾菲广告实效奖”，是第一个获得国际营销大奖的中国报纸。《南方周末》非常注重聆听读者的声音。2006年，世界品牌实验室（WBL）公布的“中国500最

① 《新闻采访与写作》编写组. 新闻采访与写作［M］. 北京：高等教育出版社，2019：13.

具价值品牌”中，南方周末以20亿元的品牌价值位居周报第一名。

《南方周末》从文化周报起家，向社会时政周报转型，坚持高尚的文化品位，集聚有思想、有影响力的读者受众。《南方周末》记录着中国的时代进程，也在一定程度上影响着中国的时代进程。《南方周末》以绿色版为主要阵地，是国内首个将环境新闻深度报道作为独立版面进行报道的周报。自2009年创立以来，绿色版以多角度的内容设置和多方位的报道策略，呈现出与众不同的新特点。

一、主题围绕“绿色”，内容涉及面广

《南方周末》绿色版自2009年10月创立以来，分别设有绿色、低碳、环境、生活、能源、城市等专版，绿色版每周四个版面，每期平均发稿七八篇，有时会根据需要扩展或缩减版面。

2009年《南方周末》绿色新闻部的发刊词提到，关切每个人赖以生存的水、空气等，因为它们是一切崇高价值的基础。水、大气是最基本的环境要素，也是环保的重点，但关于水和大气的报道，近年来已变得越来越少。这两个领域报道的减少，也意味着随着我们多年来持续的污染防治攻坚战，蓝天、碧水越来越常见了，关于雾霾、水污染等能引起公众关注的热点话题越来越少了。不过，这并不意味着大气和水的报道角度就已经消失了，而是需要拓展方向。

据《南方周末》记者林方舟介绍，“双碳”和生物多样性这两个领域在近几年占据了大量版面。这些新兴领域，一方面可能是环境新闻中最重要且潜力最大的领域，另一方面它们又不是传统意义上的环境新闻，因为它们与更多学科交叉，共同织成了未来环境新闻的报道网络。在报道的主体和形式上，也已经形成了新的网络。回想2021年最深刻的绿色新闻画面，不少人都会想起那张照片：年幼的亚洲象依偎在妈妈的怀里，北上的大象家族一起躺平睡觉。国内外媒体对2020年联合国《生

物多样性公约》第十五次缔约方大会（COP15）系统性、专业性的报道，让公众知晓了生物多样性不仅包括物种多样性，还有基因多样性和生态系统多样性。

《南方周末》绿色版报道的主题不仅包括环境和气候，也不仅是低碳与生物，而是几乎涉及生态报道的所有方面，报道面非常广，让读者对我国生态环境的整体面貌有一个较为全面的认识。《南方周末》绿色版既包括传统的环境污染和生态破坏领域，也包括环境问题涉及的新领域，如城市建设、气候、食品医药安全、能源利用、节能低碳等，相较以往的环境新闻范围更广泛，对生态环境的报道更加立体，比如2023年11月2日绿色版的报道《在3260米的香格里拉高山植物园，普通比浪漫重要》，讲的就是植物园工作体验。

在报道视域上，《南方周末》气候报道不仅立足全中国，还放眼全球。对于国内的生态报道，不只局限于单个地区或发达地区的报道，对东部地区和西部地区都有所涉及，针对不发达地区的突出问题同样做了深入采访和大量报道，引起社会的广泛关注，从而帮助解决因地区落后而产生的治理不足问题。在全球视域下，《南方周末》绿色版新闻报道的地区虽侧重于国内，但同时也兼顾了国际视角。其报道的重心在于国内事件，但是将报道思维置于国际大背景中，这样的报道方式深刻地体现了其《为绿而生》宣言中“放眼这个星球，记录并推动这个国家的绿色进程”的宗旨。《南方周末》绿色版新闻报道的对象以东部发达地区为主、以偏远地区为辅，是因为东部发达地区经济蓬勃发展，伴随而生的环境问题也越发明显。从另一个角度看，东部发达地区环保技术和观念较发达，整治环境的力度也大，因而这些地区报道数量的增多，能够给全国其他地区一些启发和借鉴，同时有利于将偏远地区的环境问题扼杀在摇篮中。《南方周末》绿色版也时时关注国外生态问题的动向，以此警醒国人重视生态问题，同时借鉴国外对于这些问题的解决措施，吸取经验。比如《美国人如何影响天气》一文，用配图和文字来说明人工降雨的流程，向国人介绍美国的人工降雨在管理体制与管理操作上的不同之处。

二、从《绿评》到《绿眉》，注重多元表达

《南方周末》绿色版每期除了围绕一个主题进行深度报道，还增设了一系列新闻版，并在不同版面中插入来自不同社会人士的稿件，用不同的形式把具体的生态环境现象及其涵盖的问题展现给受众，增进了各界的意见互动。相比其他媒体，《南方周末》更注重多元表达。

《绿评》由专家学者主笔，从专业角度对绿色话题进行分析、评论。因为环境新闻有专业性的要求，这些专家学者相比报社自己的记者更能够在专业的范畴给予精准的阐述和科学的解析，在评论中给出具有可操作性的专业意见。

《南方周末》绿色版除了用固定的版面登载专家学者的专业评述，自2010年5月20日开始，还把最为引人注目的版眉位置用于登载社会民众对环境新闻的主张、立场和建议。这有利于记录发生在公众身边的环境事件，把普通百姓的心声融入环境议题的商讨之中，蕴含着《绿眉》栏目所承载的内涵和使命。《绿眉》栏目稿件涉及各类生态问题，在丰富生态环保内涵的同时也吸引了更多普通百姓的积极关注和热情参与。

除了上述的《绿评》和《绿眉》，还有诸如《绿色世界观》《绿色观察》《一周绿盘》《千篇一绿》等栏目，同时，《南方周末》绿色工作室还曾与腾讯网“深度对话”栏目联手推出高端人物访谈栏目《绿色对话》，利用有限的版面资源，扩容海量的信息。栏目变化多样、趣味无穷。

犀利评析也是《南方周末》绿色版报道关于生态问题的一个重要特征。《南方周末》以深刻评论与报道新闻事件为主，深度性和观点性较强。比如《生态环境部答南周：对碳排放数据弄虚作假“零容忍”》一

文援引生态环境部应对气候变化司司长夏应显的话，指出生态环境部一直高度重视碳排放数据质量管理，对数据弄虚作假的违法违规行为“零容忍”。特别是自2022年以来，以全面提升数据质量为中心，采取了一系列措施，确保碳排放数据准确可靠。还有一篇名为《你得利润，我来买单》的评论，是凤凰卫视主持人对于“环境成本”的思考。文中提到图瓦卢这个陆地面积只有26平方千米的国家，因为全球气候变暖、海平面上升，被许多国际组织列为濒临名单，然而只有渔业、连工业都不存的图瓦卢，这个低度发展的国家却要比所有发达国家更早承受气候变化的后果。整篇评论思路清晰，从国外的事例引入“风险公平”，并通俗易懂地解释了全球环境危机中的主要矛盾，再从国际转入国内现状，发人深思的反问让读者在情感上找到共鸣。这样经典的评论不在少数，正如《南方周末》新年献词所说，“时而宏大叙事，时而犀利评析”，追求“讲述真实故事、传递人文情怀”[①]。

三、图文并茂，强化可视性和吸引力

传播学奠基人施拉姆提出了“选择分子式”，即受众个体对媒介以及内容的选择是基于回报期望值和必需的努力。结合文字，《南方周末》绿色版通过多种形式的图片运用，让受众阅读时的感知形式更丰富、更真实，从而使得阅读回报率更丰厚。支持这一学说的传播学家斯科特认为，将图片作为符号即可建立论证修辞语汇：新闻图片是对真实的透明表现，修辞理论成分低，即表现真实功能；广告（宣传画/漫画等）图片修辞理论成分高，突破了新闻照片与文字的相互说明关系；相较于抽象文字系统，两种图像的情感诉求都非常高，是情感诉求的运载工具。从易读性的人情味角度考量，情感诉求高的图片比文字更容易提高阅读

① 南方周末. 2014年新年献词：我们是南方周末，我们三十而立［N］. 南方周末，2014-01-01（1）.

回报率。[①]

《南方周末》绿色版在编排上看重各类版面元素的统一协调使用，目的在于增加整体版面的生机活力，强化报纸的可视感和吸引力。以文字稿为主搭配使用图片是绿色版的一大特色，并且在使用图片时不吝惜版面空间。[②]比如《儿童友好公园，一米高度看世界》（2023年9月28日）搭配小朋友正在公园高高兴兴玩水的照片，一图胜千言，更直观地突出了“让公园成为小朋友生活的一部分”的新闻主题。新闻记者以一米的儿童高度用快门记录了快乐玩耍的儿童，这种对时间和空间瞬间的记录，体现了新闻图片瞬时性的本质，而恰恰是这种瞬时性，赋予了照片触动人心的力量。

《南方周末》绿色版配图、漫画的特色也非常突出，既入木三分，又让读者兴味盎然。比如《道达尔天然气泄漏 北海溢油痼疾难改》的新闻图片能够快速传播信息，更直观、可信，对受众的冲击感也更强。关于气候环境灾害报道所附的图片，比文字表现出更强的震撼力和感染力；关于气候冲突报道所附的新闻图片，意义简单明了，色彩鲜艳，比文字更快地吸引受众的注意力。新闻漫画以其形象性的特点，常常犀利地揭露出新闻事实背后的真相，达到发人深省的传播效果，进而深化报道思想。新闻漫画配合新闻评论，更加突出观点。《南方周末》气候报道非常注重文字和图片、新闻和漫画的配合，丰富了报道形式，大大优化了传播效果。

新闻制图则通过示意图的方式解说报道内容，将很多复杂的事件形象化、直观化，为读者接受新闻内容提供了便利。绿色版专栏里时常出现专访和圆桌访谈等形式，每一篇访谈基本上都搭配使用了人物肖像，

---

① 王积龙.《南方周末·绿色》的新闻特色分析［J］.当代传播，2013（4）：99-101.

② 张海峰.环境报道的新尝试：《南方周末》绿色新闻板块特色分析［J］.青年记者，2010（17）：40-41.

这种方式有利于读者形成对访谈对象的初步印象，随之产生信任感。图文并茂的表现形式，将略显晦涩的环境报道更加鲜活地传播给受众，有利于受众对信息的理解与接受。

当然，《南方周末》的生态新闻报道在版面分布上，基本聚集在绿色版，只有偶然的重大环境问题如地震、雾霾事件出现时，其他版面才会报道。就普遍认知来说，头版头条的新闻可以深化受众对环境新闻重要性的知晓程度，进一步促进媒体功能和作用的发挥，从而令受众意识到环境问题的重要性，加深对环境问题的印象，从而获得更好的传播效果。①

① 唐春兰，李妮斯.《南方周末》绿色版的报道策略［J］. 青年记者，2017（6）：70-71.

第七章　生态文化类电视节目践行生态建设理念

自党的十八大以来，“美丽中国”成为生态文明建设的宏伟目标，以习近平同志为核心的党中央也将生态文明建设纳入中国特色社会主义“五位一体”总体布局。党的十九大报告中也指出，“必须树立和践行绿水青山就是金山银山的理念”。2023年6月28日，依据《全国人民代表大会常务委员会关于设立全国生态日的决定》，将8月15日设立为全国生态日。全国生态日的设立，成为我国生态文明建设的又一新起点。

人类的生活质量直接受到自然环境的影响，因此我们有责任投身于生态环境保护实践中，以积极务实的行动和措施，维护我们共同生活的家园。近年来，我国不断加强对环境污染问题的处理，并通过各种途径积极向大众开展环保知识的科普宣传，旨在提升全民的环境保护观念，激励大家主动投身于环境保护事业，使每个人都能够成为生态文明思想的积极推广者以及环保行动的支持者。其中，作为重要的传播媒介，电视媒体对生态文明理念的践行和传播起到了至关重要的作用。近些年来，以生态文明建设为主题的影视作品和电视节目纷纷涌现，节目组通过在镜头前表达出对美好环境的向往，或是报道环境污染、生存环境恶化等事件，或是编剧以真实生态环保事件为创造灵感，抒写环保史诗等方式，呼吁公众增加对生态环境的关注。

我国生态保护领域的奠基人曲格平曾高度评价新闻界对于生态环境保护的作用，他说：“中国的环境保护事业是靠宣传起家的，公众是环保的原动力，媒体是环保的推动力。”[①]好的宣传方式才能让人们将生态文明理念根植于心，而后付之于行。这些聚焦于生态环境保护的生态类电视节目，全方位展现了我国生态环境保护治理的现状，并号召全社会积极践行保护环境、爱护自然的理念，从而带动更多的公民投身于环保事业中。

第一节　生态文明理念的树立和传播

一、电视节目生态传播的源起和发展

生态环境与人类生活息息相关，环境保护刻不容缓，日益进入公众视野的环境问题随着生态环保理念的传播以及生态文明建设的不断推进，现在已到达一个全新高度。电视节目具有画面直观性和受众广泛性，成为生态环保理念传播的重要手段。

近年来，环保、低碳等与环境相关的热门话题频频引发公众热议，电视节目与短视频经常以环保话题为主题产出相关内容。其实，环保和电视媒体的结合由来已久，环保理念也并非近几年才被提出。根据历史记载，英国的爱德华一世在1273年就已经发布法令禁止燃烧海煤，以此来缓解伦敦市的空气污染问题。环保观念在西方社会逐步转变为公共权力，用于防治污染、保护环境。到了现代，近几十年来，电视媒体进

---

① 王芙蓉.环保类电视节目的危机及出路［J］.中国广播电视学刊，2008（8）：19-21.

入千家万户，电视媒介发挥其传播的巨大作用，为生态环保做出贡献，不少西方国家在电视节目中就针对生态环保问题，以及如何提高本国公民环保意识等方面下足功夫。比如，由卡梅隆主持的生态旅游者系列片《三人行》(*Tripping*)通过邀请明星作为节目主持人来扩大影响力。此外，美国的探索（Discovery）频道首次推出了全天候播出的关于绿色生活和环保内容的电视网络。英国的BBC(英国广播公司)曾经也制作并发布过一档长达50分钟的环境保护专题报道节目。

我国的电视媒体针对生态环保问题也推出了不少电视节目。20世纪90年代开始，环保意识在我国逐渐兴起，电视作为当时最重要的大众传播媒介之一，开始承载起传播环保理念的重任。“中华环保世纪行”媒体宣传活动标志着我国环保电视节目的初步兴起，这一活动由政府主导，旨在通过电视这一平台提高公众对环保问题的认识和关注。[①]随着时间的推移，央视相继推出了多个环保节目，如《人与自然》《动物世界》《绿色空间》《地球故事》等。这些节目内容丰富多样，涵盖了自然生态、野生动物保护、环境保护等多个方面，为观众提供了关于环保的信息和知识。虽然随着时代的发展和观众需求的变化，部分节目已经停播，但它们曾经的影响仍然深远。

值得注意的是，我国的环保电视节目在发展过程中面临着一些挑战和限制。由于多源于行政命令，服务于宣传与经济的目的较为明显，导致这些节目在定位上存在困难，收视率大多不理想。此外，传媒自身和公众的环保意识相对不足，这也在一定程度上制约了环保电视节目的发展。尽管面临挑战，但我国的环保电视节目也在不断创新和发展中。一些地方电视台也纷纷推出自己的环保电视节目，例如，长沙市环保局策划的环保电视科普专栏节目《绿色家园》，通过纪录片和访谈等多种形

① 王芙蓉.环保类电视节目的危机及出路［J］.中国广播电视学刊，2008（8）：19-21.

式，发挥媒体传播优势，提升全民环境科学文化素质。[①]河北经济电视台曾推出栏目《绿色家园》，宣传环保法律法规，传播绿色观念，同时也记录了河北十年的环境变迁。湖北卫视曾推出节目《幸运地球村》，节目大胆创新，用综艺方式传达环保理念，从老百姓衣食住行中的环保内容说起，从身边小事中发掘环保话题。这些节目各具特色，既有公益环保的定位，也有综艺表达的形式，虽然大都已经停播，但它们的出现无疑丰富了我国的环保电视节目类型。

我国的环保电视节目从20世纪90年代开始经历了从起步到发展的过程，虽然面临诸多挑战，但也取得了一定的成就。令人欣慰的是，随着社会的进步和人们环保意识的觉醒，这一题材正在逐渐受到重视。近年来，《绿水青山看中国》《绿色答卷》《美丽中国》等以生态建设为主要内容的电视节目在数量上逐步增多，这得益于政府对环保事业的大力支持以及媒体对此类话题的关注。在内容上，这些生态节目不仅紧扣大时代脉搏，在生态、科普、文化、教育、娱乐等多元方位上贯彻生态文明思想，而且将时代环境与普通人的生活变化相联系，以便观众能更好地产生带入感，从中感受到原来生态环境的变化影响着每一个人的生活。

2017年，中央电视台综合频道和科教频道共同推出了一档名为《绿水青山看中国》的人文地理益智类文化电视节目，这是中国首个关注生态环境主题的电视节目。这档节目深度挖掘和探索了中国的丰富自然资源与人文环境，其特点是把知识性和娱乐性结合在一起，通过对山、水、森林、农田、湖泊和生命的展示，来表达人类与自然的联系，唤起人们对于故土、亲情的怀念之情。它紧紧围绕着当前的时代议题，呈现出美丽中国、健康中国、文化中国的形象。

中央电视台作为国内主流媒体，在《绿水青山看中国》这档节目

---

① 环保科普电视节目《绿色家园》在长沙开播［J］. 环境教育，2009（10）：75.

中，积极响应党和政府的政策，发挥自身媒体优势，以综艺形式趣味解读生态，通过精彩的短视频以及选手讲述，向观众科普我国的地理知识，展现这些年来我国在水源、湿地、森林、动物保护等生态领域的治理成就，以及在背后一直默默付出的环保人物，向观众介绍他们的治理成就与背后感人至深的故事。

“充满魅力的超凡地理与人文盛典”是媒体对于《绿水青山看中国》这个节目的赞誉。该节目不仅展示表面上的地理信息，还深入探讨其底层逻辑，引导观众超越单纯的学习和娱乐体验，进入更高级别的思考领域——“智能启迪”，并揭示地理知识和人文含义所蕴藏的精神内核及价值观。例如，在以“山”为主题的那一期，郦波教授从文学角度阐述了山的意义，即它代表着广阔、深刻、稳固，与此相关的意象包括感恩如同高山、长寿似南山、父亲的爱像座山等，这些都反映了中华文化的丰富人文学养。地理学者张捷教授则指出，山是大自然拒绝平凡、勇敢挑战自我形成的结果。两位专家不同的观点充分诠释了地理知识是如何融入中国几千年来的文化和智慧之中的，使观众获益良多。此外，在问答阶段，节目有意设置或者引发参赛者讲述自己的“地理故事”，例如在旅途中的见闻感受、在学校和工作场所里关于地理的故事等，从而把地理、智力竞赛、知识分享和人生体悟紧密结合起来，使得原本枯燥乏味的地理知识因参赛者们的生活经验和个人感触而变得生动有趣。

在节目内容设置方面，节目兼顾了地理类节目的知识性和综艺节目的趣味性。为了保证舞台表演和视频播放的视听效果，节目组还设置了多个有趣的竞赛环节。同时，专家们视角各异，评点见解深刻。整个节目一改竞答类节目的呆板形式，也摆脱了综艺节目过于娱乐化的尴尬境地，为观众带来了一档充满人文地理魅力的节目盛宴。益智竞答节目是否能够吸引观众的关注，主要取决于节目规则设计是否具有悬念和科学性。优秀的比赛规则能够在选手与主持人、嘉宾与选手、选手与选手之间以及单个选手本身内部产生多种紧张关系，从而提高竞争性和戏剧性。悬念性增加了节目的趣味性，具有较高悬念性的节目更能吸引观众。《绿水青山看中国》采用了“淘汰赛+车轮战”的竞赛模式，有“大浪淘沙”、“突出重围”和“海阔鱼跃”三种游戏模式，只有最终的获胜者才能进入决赛。这种方式不仅使所有选手都可以获得出镜答题的机会，增强了选手的自信心和参与感，还能在比赛中捕捉到每一关获胜选手在最后决赛时激烈竞争的精彩表现。每期节目的结构都包括三个环节：“大浪淘沙”、“突出重围”和“海阔鱼跃”。在“大浪淘沙”环节，共有81名来自各行各业的专业人士被选定参与，其舞台位置呈九排九列分布。每人起初只允许回答一道问题，如果回答错误则必须离场等待下一轮的机会。接着在“突出重围”环节会淘汰一部分人，留下60人继续参赛。在此过程中，只要能在规定的时间内给出正确答案，就能晋级到下一个环节——“海阔鱼跃”。在该环节，两名选手将在一对一的环境下展开角逐，通过三轮比试来决定胜负。只有在这场较量中的优胜者才有资格进入最终的大赛——总决赛。每期都有紧张刺激的对抗过程，尤其是前后9次对战充满了未知与期待，这种设计成功地吸引了观众的注意力。

2021年6月5日，央视财经频道播出了名为《绿色答卷》的6集特辑，该系列对碧水、蓝天、净土、生态修复、生态乡村、碳达峰与碳中和等六大主题进行了深入探讨，展示了新时期“绿色中国”的风采。此档节目的成功播出得益于其充分利用了各种主流媒介资源，展现了主流媒体的社会责任感。[①]该节目以故事化的新闻表达方式捕捉中国正在发生的绿色故事。在第5集“乡村振兴 生态为基”中，节目组走进浙江宁波的大堰镇，向观众介绍该地“零污染”生态村的建设情况。箭岭村是大堰镇的一个标准老龄化村庄，每月的农历十八日是箭岭村村民的“环保集市”。主持人来到现场，以体验者、观察者的视角看到不少村民提

① 童盈.《绿色答卷》呈现了怎样的绿色答卷？——以《绿色答卷》为例浅析电视节目如何做好生态文明宣传报道［J］. 中国生态文明，2021（4）：87-89.

着分类好的垃圾，统一送到村口集市处找工作人员兑换相应的生活物资。“环保集市”的建立不仅让垃圾清运量大大减少，也使村民在环保实践行动中潜移默化地形成了垃圾分类的良好习惯。“保护饮用水源、整洁美化村容、提倡废物利用、确保垃圾减量”是浙江省决定打造首个“零污染”生态村的目标。如今，箭岭村的村容村貌，因为生态理念的传播和村民环保意识的增强，已经发生了巨大改变，村民们仍行走在打造“零污染”生态村的路上。生态文明的基础就在乡村，百姓生活方式的改变深刻反映了生态理念的传播。《绿色答卷》结合了新闻与专题节目的传输优点，使得其内容的时代气息和新闻价值更为显著，沉浸式讲述故事的方式也拉近了与观众的距离，这是一种讲述中国故事并推广生态环境观念的大胆创新方式。

二、贴合社会热点，传播生态理念

生态问题与大众的切身利益息息相关。曾经寸草不生的西北黄沙戈壁，如今成为塞上江南。电视剧《山海情》在2021年正月初一开播就引起巨大反响，不少年轻观众表示“原来扶贫剧也能那么好看”。在《山海情》中，我们能看到治沙之前的宁夏地区“苦瘠甲天下”，飞沙走石的荒凉环境让当地百姓出门就会吃一嘴沙子、糊一脸尘土。在国家扶贫政策的指引和福建省的对口援助下，闽宁镇采取了如吊庄移民、沙地种蘑菇等精准扶贫措施，使得该镇的生态环境和经济发展显著提升，村落内汽车和电脑随处可见。生态扶贫的方式也让“干沙滩”变“金沙滩”，果园、葡萄酒庄等成为涌泉村的经济来源，人民过上了幸福的生活。这与前期涌泉村三个兄弟同穿一条裤子时期相比早已发生天翻地覆的变化。电视剧播出后，宁夏西海固地区以及剧中多个拍摄地成了旅游打卡胜地，不少观众慕名前来，想亲自看看这片从“黄沙漫天”变成“绿意盎然”的土地。

《山海情》的成功也给予我们一定启示，电视节目对生态建设理念的传播不能仅仅停留在表面“喊口号”的阶段，要结合时代脉搏、社会问题进行深层次挖掘，要重视生态自然，也要注重人与自然的关系，生态治理与扶贫、教育紧密相关。只有通过这种方式，我们才能在不知不觉中传播生态观念，发挥环境预警的作用，提升公众对环保的认识，并引起社会关注，呼吁大家一同保护自己的家园。

《绿色家园》是河北电视台首个省级杂志型环保节目。节目形式为主持人在演播厅串场，外景叙述节目内容与内场嘉宾访谈相结合。该节目具有版块多和信息量大的特点，包含“特别关注”“记者调查”“风向标”“绿色之旅”“家园人物”等多个版块，这些版块大多关注污染问题。在其中一期《污染来了，安宁走了》节目中，报道了村民向记者投诉自己家挨着淀粉厂，因为工厂只顾追求经济效益，导致排放的废水、废气极大地影响了附近村民的日常生活。经过节目报道后，有关部门对其进行了治理。《绿色家园》作为河北省推出的电视节目，主要受众为河北人民，节目具有地域性，关注本省的环境问题，为本省的百姓发声。虽然该节目在研究环境问题的深度层面还有待提高，但是短平快、选题广泛的方式更加贴合受众，并有效地向受众传播了健康知识和环保信息。因此，更开放、更有服务性、更有教育意义的选题才能更加潜移默化地影响大众，也才能被观众所接受。

2021年，云南野象集体北迁的消息引起全国网友的关注。“云南野象为什么会北迁？”“它们要走到哪里？”“附近居民的人身安全是否有保障？”针对网友的众多疑惑，云南广播电视台创新传播语态，从微观叙事角度出发，以“亚洲象北移南归”为主题，用充满趣味的表达方式告诉公众，有关部门不仅保护野生动物，也十分重视人民的生命财产安全，向世界展现云南人与自然和谐共生的动人故事。同年，联合国《生物多样性公约》第十五次缔约方大会（COP15）在昆明召开，开幕式第一个环节就是向观众播放《“象”往云南》宣传片，该片展示了这场跨越大半个云南，历时17个月，象群行走1300千米的北迁之旅，数万人对象群的关注与一路守护，深刻诠释了人与自然和谐共生的中国智慧和中国方案。

在2022年中央广播电视总台春节联欢晚会中，由木偶大象和歌舞演出组成的节目《万象回春》成功地展现了云南大象旅行的故事。该节目的场景设置为一片热带雨林，让观众感觉好像自己正跟随着大象一起移动，热情友好的傣族居民和大象之间的和谐交流，使得人们更加期待去云南欣赏美丽的自然环境，同时也提升了云南旅游业的社会效益。

2022年8月，为了纪念亚洲象群回归其自然栖息地一周年，云南电视台制作了一档名为《跟随大象探访云南》的专题节目。该节目包括五个部分，分别是“北行南返——短鼻族群的一周年回顾”“追踪者在大山的脚步”“大象造成的损失如何赔偿”“云南省致力于让野生象生活舒适”“女性记者目睹并参与到对野象的紧急救助中”。这些内容详细描述了对亚洲象群生活的原始生态环境及其周边地区的最新保护措施与关怀行动。习近平主席也在《生物多样性公约》第十五次缔约方大会领导人峰会上赞扬道：“云南大象的北上及返回之旅，让我们看到了中国保护野生动物的成果。”[①]

三、主流价值、生态文化和市场的融合

近年来，全球变暖、冰川融化、日本核污染水排海等生态环境问题的严峻性已经家喻户晓。随着新闻报道、媒体推广和社会倡导的加强，公众对生态问题的关注度也在提升，这无疑对提高个人环保意识以及增进对生态问题的关注产生了积极影响。但是，观众对生态类电视节目的兴趣与现实中对生态文明的关注程度相去甚远。其中影响节目收视的主要原因有两个：一是形式单一化、同质化、程序化，让观众对该类节目

① 吕晓勋.携手构建共同发展的地球家园［N］.人民日报，2021-10-15（5）.

失去兴趣；二是内容枯燥、教条化，远离社会生活，忽视大众需求。只有改变相关节目的话语形态才能获得收视率。

在2020年国庆档新主流电影《我和我的家乡》中，《最后一课》单元里的望溪村从一个贫困村转变成为一个通过生态旅游、特色民宿、研学活动实现脱贫致富的网红村。《最后一课》的摄影指导曹郁为了呈现出现阶段江南水乡的恬静美丽与曾经的破败不堪的差异与对比，通过各种大跨度的运镜调度、长镜头航拍等拍摄手段，将焕然一新的望溪村的风貌呈现给观众。2021年的开年献礼剧《山海情》，讲述了西海固地区的涌泉村，从贫困山村一家几兄弟只能轮流穿同一条裤子，到精准扶贫、生态治理后利用西北地区优势种蘑菇、开葡萄酒庄，最后全村随处可见电脑和汽车，实现了生态扶贫。涌泉村是千千万万个脱贫致富村庄的缩影，从千里黄沙漫天到如今的塞上江南，由“黄”转“绿”，体现了绿色中国的治理力度，绿色也成为中国生态治理的名片。

在山东卫视的《美丽中国》节目中，有一位来自浙江省湖州市安吉县的茶农贾伟向观众推广安吉白茶，并讲述了家乡的变化以及家乡百姓对“生态致富”理念的认同。贾伟的家乡曾是一个贫困村，20世纪90年代，安吉县余村村矿山开采泛滥、粉尘遮天蔽日，贾伟曾想努力学习，再也不回到这个地方。但如今的安吉县满目苍翠，森林覆盖率高达72%。家乡发生的变化让贾伟和不少村里的年轻人愿意留下来。贾伟认为家乡特产白茶不仅能让全村人脱贫致富，还能实现保护环境的效果。

2021年云南野象集体迁移的新闻引发全国网友的关注，媒体对此纷纷报道。不少媒体认为野象迁移的根本原因与生态环境有关，并进行了深度探究，“彩云之南”也因为这群可爱的大象再次被公众所关注。《万象回春》是2022年中央广播电视总台春节联欢晚会上上演的一个节目，它以独特的艺术形式，展现了一幅云南省野生亚洲象群体游历旅行的画卷：一头巨大的、由手工艺人操控的大象形象出现在屏幕上，并伴随着优美的舞蹈动作翩然起舞——这让观众感受到了一种跨越时空的美感体验和视觉冲击力。此外，该节目的布景设计也别具匠心地营造出了具有浓厚亚洲风情的热带森林氛围，使人们如同身临其境般，跟随着这些可爱的动物一起漫步于绿意盎然的世界中。这种热情友好的民族文化交流方式，不仅吸引着广大电视观众的眼球，还激发了他们对于云南这个美丽省份自然环境保护的高度关注及热爱之情，从而进一步推动当地文旅产业的健康发展壮大。

“绿水青山就是金山银山”，生态资源不仅是一种自然资源，也是一种经济资源。对绿水青山进行合理保护与利用，可以实现生态效益与经济效益的双效统一。生态旅游（eco-tourism）是生态文明建设的重要载体，也是推动生态资源产业化的较为有效的方式，其在推动乡村脱贫、走向振兴的进程中发挥了不可或缺的作用。近年来，在中央与地方政策的指导下，中西部多地均积极开展生态旅游实践，有效盘活了当地的生态资源，实现了生态扶贫。如由云南野象迁移活动所引发的云南省生态旅游热潮现象，让我们认识到不同地域可以利用自身独特地理位置，依托深厚的文化底蕴，助推全域旅游绿色高质量发展。

生态旅游是一种兼具保育生态环境与保障本地居民生活的旅游行为，它在全球旅行领域占据着举足轻重的地位。近年来，随着其在全球旅游业中的快速发展，生态旅游每年以高达25%—30%的比例持续增长，已经成了一种国际性的旅游趋势。全国生态日作为强调环境保护和生态文明建设的重要纪念日，对促进和推动生态旅游具有积极意义，全国生态日的设立为生态旅游注入了新的动力，推动实现生态旅游与环境保护的双赢局面。“绿水青山生态文化旅游季”于2023年在四川省甘孜地区拉开帷幕。甘孜藏族自治州地处四川省西边，是主要由藏族构成其主体民族身份的一个地级行政区域。甘孜藏族自治州从保护自然中寻得发展新机遇，在“绿水青山生态文化旅游季”活动期间，相继开展了2023四川甘孜山地文化旅游节、理塘八一赛马会、炉霍望果文化旅游节、丹巴纳凉音乐嘉年华等活动。甘孜通过发展生态文化旅游产业，号召当地百姓与游客一起保护生态环境，努力实现生态脱贫不返贫的目标。2023年1—7月，甘孜藏族自治州共接待游客2363.35万人次，实现旅游综合收入256.61亿元，同比分别增长40.59%和39.83%，仅2023年7月单月接待游客就达到748.64万人次，实现旅游综合收入82.39亿元。旅游接待增速位列四川首位。

经济发展不一定需要以牺牲环境为代价，安吉县、甘孜藏族自治州等通过生态致富的环保理念得到了大众的认同，同样也反哺了旅游市场，实现了社会效益和经济效益的统一。

第二节　生态文明观念传播模式的创新

人文地理类电视节目的融合创新模式

人文地理类型的电视节目通常涉及某个区域的文化和习惯，结合了其独特的地域特点和环境因素，形成了一种视觉表现方式，是电视节目的主要类别之一。这类电视节目旨在揭示人类与自然的互动联系，通过真实呈现人们如何适应并融入自然环境，从宏观角度观察历史沉淀下的文化特征，深入探讨人类与自然之间的平衡问题。

人文地理作为科学教育类电视节目的一大主题，一直备受关注。通过观看这些节目，人们可以深入了解中国的历史和地貌特征。然而，传统的信息传递方式存在诸如信息单向传送、故事线过于简单、缺乏吸引力和参与度等问题。在这个“综艺节目主导”的媒体时代，怎样利用新型技术手段来展示生态环境、地质学和人文知识成了电视制作人面临的一个挑战。《航拍中国》和《绿水青山看中国》这类电视节目的推出，为公众带来了全新的视觉体验，也开辟了这一领域的全新发展路径。

《绿水青山看中国》通过参赛者的视角来探讨生态环境议题，并分享他们的生态故事。然而，传统知识竞赛节目的制作人常常面临着如何在保持专业度的同时提升观赏乐趣的问题，解决方法通常是在提高赛事紧张感上做文章。《绿水青山看中国》在维持赛况紧迫感的条件下，更强调发掘及展示各参赛者的个性格局，包括他们在遇到自然环境和生态文明问题时所产生的独一无二的故事和生活体验。这种方式使得原本单一且机械化的地理知识融入参赛者丰富多彩的人生故事里，成功解决了节目专业性和趣味性之间的矛盾。该节目包含了一系列独特的参赛者，比如一位徒步完成国内著名人文风景路线——318国道线的旅行家；一位专注于打造美丽乡村社区的基层公务人员；一对携手环游世界的老夫妇；一名放弃工作转身投入环保事业的技术员；一群自愿投身于自然资源保育工作的社会人士；一位专攻地理学的女性博士；等等。这些人用自己的行动诠释了他们对于构建美好中国的信念和愿景。

电视节目也应该注重创新节目形式与挖掘本土文化内涵相结合。近几年来收视率高的综艺节目，其创意大多来源于国外节目，如《向往的生活》《亲爱的客栈》等，短期内收视效益高，但久之会让观众产生审美疲劳与文化抵触。因此，电视综艺需要在节目内容和形式上融入中国特色，实现本土化创新，从而创造出一种全新的、具有中国式风格的综艺模式。

例如，《你好生活》将中国优秀的古典文化以及现代生态素养理念渗透进普通人的真实生活中一并加以呈现，在内容生产上体现了媒体在引导受众向更高层次的精神文化需求转变。引导受众转变需求层次有利于提高受众的素质和修养，营造良好的社会文化氛围，促进社会主义和谐文化建设。

《南岭物语》是首部全面展示广东省南岭山脉的生态系统和独特动植物种群的故事性纪录片，共3集，拍摄了200多个物种。第1集《珍奇》详细描述了摄制组在超过三年的时间里，是如何寻觅、发掘并追踪记录南方山脉中的罕见生物种类的；第2集《生存》深入探讨了各种动植物之间的生存斗争及激烈的故事情节；第3集《羽恋》集中展示了这些濒危动物的繁殖和发育过程。《南岭物语》以南岭的一年四季作为时间线索，通过珍稀物种的生命故事，呈现出南岭自然生态系统的多样性，其中许多影像均为国际国内首次拍摄和高清呈现。该纪录片通过镜头语言展示了生态文明和南岭地区人与自然和谐相处的美学感受。该片开头先通过航拍形式拍摄粤北地区的南岭国家森林公园的自然风光，生态景观在大全景画面中一览无余。

为了向观众展现动物们的体征和日常生活中的各种姿态，拍摄人员必须在认真调研动物习性后日夜蹲守在动物经常出没的地方，有时候可能需要穿迷彩服或者伪装成树木的模样，待降低动物的警惕性后，运用中景、近景以及特写镜头拍摄下精彩的瞬间。在拍摄期间，拍摄人员发现了“世界上最神秘的鸟”——海南鳽。拍摄人员蹲点了近两个月，运用红外布控与持续调查，清晰完整地拍摄到两只海南鳽求偶、交配、产卵，以及雏鸟慢慢长大的全过程。黄腹角雉，外号“鸟中大熊猫”，是中国特有的雉类，属于濒危动物，主要分布在粤北地区。摄制人员通过长镜头、多机位去拍摄黄腹角雉求偶状态下的完整影像画面。在交配之前，画面中黄腹角雉头上竖起的蓝色肉角不停抖动，胸前的肉裙膨胀下垂。长镜头的运用更能体现真实性与现场感，能让观众以一种旁观者的心态去静观黄腹角雉求偶的状态以及体征变化。该片的特写镜头也运用得惟妙惟肖。第1集《珍奇》拍摄莽山原矛头蝮时用近距离拍摄的方式，镜头将蛇的眼睛和皮肤放大，突出莽山原矛头蝮蜕皮的全过程，营造强烈的视觉效果。快慢镜头结合运用也是生态类纪录片常用的拍摄方法。雨水增加后的夏季引发了植物一系列的连锁反应，菌类植物缓慢的生长变化过程在快镜头中浓缩到一瞬间；真菌通过孢子传播时每秒喷出30000个孢子的画面通过特写镜头结合慢镜头展现出来，让人感到震撼。

逆光镜头在《南岭物语》中也出现了不少次，植物在逆光、侧逆光镜头下被光影间的配合勾勒出独特的轮廓线条，增强了画面的艺术感。在航拍、红外布控、微观、水下拍摄等先进的拍摄技术下，观众得以高清欣赏各种珍奇生物，丰富的视听语言最大限度地展现了南岭森林中的动人情景，让观众感受自然的神奇力量。传播环保观念，增强对生态文明的推广，利用生动形象的影像来促进全社会生态价值、生态伦理以及环境道德的建立，是生态类纪录片影像所追求的目标。①

2023年6月10日，“美丽中国——我是环保小卫士”第二届京港澳少年儿童绘画大赛在北京、香港、澳门三地同时启动。本次绘画大赛旨在以艺术为媒介，搭建起京港澳少年儿童及家庭交流展示的桥梁，同时引导少年儿童认识和关注环保问题，宣传绿色生活方式，呼吁社会共同关注和解决环保问题。

第三节　生态文化类电视节目案例分析

一、《绿水青山看中国》：生态文明理念的树立和传播

2017年，中央电视台综合频道与科教频道联手制作了一档名为《绿水青山看中国》的大型室内竞技式科普电视节目。该节目的核心内容包括自然环境中的各种元素如高山、流水、森林等，通过这些元素来展示人类与其所处的环境之间的联系，并唤起人们对故土的热爱及怀旧情怀。该节目紧紧围绕当下的社会议题展开，旨在呈现美丽的中华大地，宣传生态环境保护思想和展现社会文化的多样化发展趋势。目前，该综艺已播出三季，通过综艺节目的形式，以地理知识和文化典故作为切入

---

① 朱琳. 我国当代生态类纪录片的价值［J］. 新闻世界，2013（4）：237-238.

口，达到传播生态文明理念和弘扬华夏文化的节目效果，有利于讲好中国故事，获得广大网友的一致好评。

（一）融知识性、趣味性、体验性于一体，讲述生态故事

益智类节目作为知识型的综艺节目，具有极强的娱乐性与知识性，主持人和参与嘉宾以及台下观众的互动是节目的必备元素。在媒体深度融合的环境中，观众的需求呈现出多样性和差异性等特点，许多节目的形态和内容也在这个基础上寻找新颖变化。早期的知识型益智节目“重文化”而“轻娱乐”，追求对知识的科普与宣传，而忽略了观众对其延伸信息的探索，这成为此类节目容易陷入的困境，使其非但不能满足观众的娱乐需求，还会因为题型难度大、不贴近生活、打击选手积极性而令观众感到厌倦。

《绿水青山看中国》以游戏为载体，以竞技答题为主要表现形式，利用问题或者播放视频与图片相结合的方式来为参赛者设置地理学、地理逻辑思维及地理实用等方面的题目，当选手给出回答之后再揭示正确答案，然后由节目邀请的专家面向公众全面且深入地阐述其中的地理和人文知识点，同时借助场景再现的模拟方式让观众感到眼前一亮。这不仅打破了过去知识竞答节目给人的呆板感觉和死记硬背式的解题模式，同时也彰显出近些年中国在多个领域的生态环境改善所取得的成果。增强比赛悬念以及挖掘不同选手身上的故事是该节目的创新点与趣味点。相较于那些仅以一种方式呈现信息并只做单向传播的教育内容，通过解答问题来探索人文学和地理学知识，能引导观众超越单纯的学习与消遣活动，进入对各种地区独特的人文环境及风土人情的深入理解之中。

比起明星助阵，素人选手在知识竞赛中的表现更有看点。经过在全国范围内的选拔，一批对地球科学充满热情并致力于环保工作的人被挑选出来，他们在舞台上一起回答问题，分享他们的故事和经历，讲述他们是如何与地理产生联系的。从4岁的儿童到72岁的老人，从地图

编辑、海洋保护者到民警、自然摄影师等，不同年龄段、不同行业的人共同参与到这个节目中。节目采取了多人答题、淘汰赛和单挑的比赛方式，一方面让所有参赛者都有机会上台答题，另一方面也能突出展现优秀选手之间的激烈竞争。节目组在参赛选手中会随机挑选一些“有故事”的选手，在讲述普通人身上与生态相关的故事外，也会利用个人独特的经历为选手们出题。在第一季主题为“山”的一期中，有两位特别嘉宾——来自唐山的齐海亮和他的女儿。齐海亮先生是一位餐饮业工作者，13年间他骑行路程超4万里。从独自骑行到2015年开始带着4岁的女儿花费730天的时间骑行游遍名山大川，他不仅有一颗看世界的心，也拥有对祖国大好河山的热爱。齐海亮通过自己的游历向选手们抛出“冈仁波齐是哪个山脉的主峰”这一问题。与生态相关的益智类节目由于题材限制，很难像娱乐类综艺节目一样吸引受众，但有温情、正能量的故事总是更容易令观众深受触动，嘉宾独特的经历也会令观众对题目背后的地理知识印象深刻。

从第一季到第三季，节目游戏模式也做了一些改动和创新。第一季的比赛环节有“大浪淘沙”、“突出重围”、“海阔鱼跃”（车轮战）等以晋级、抢答、突围一对一的方式作为节目赛制吸引观众。第二季新增VR虚拟互动，将我国美丽风光与人文气息通过演播厅中的小场景动画和大屏幕相互配合的方式呈现给观众。第三季赛制再升级，主题以“中国故事 聚焦生态”为切入点，题型也再度创新，如“捷足先登”环节采用虚实结合的方式，选手在地屏上触屏答题，如同真人版网游页面。同时，节目新增了将古文中提到的自然地理元素设为赛题的“步步为赢”环节，以及“眼疾手快”“千人共答”这样全民共同参与的比赛项目；“猜猜我在哪”环节结合地理和自然特点，由当地人向观众推荐自己的家乡，分享旅游景点和当地的名胜古迹，选手通过视频中传递的部分关键信息来判断是哪个地区。这些形式不仅丰富了节目内容，还让观众在参与的过程中领略中华民族文化之美，深刻理解了人地和谐共处的观念。

（二）视听与科技结合，增强生态体验

《绿水青山看中国》节目的成功在很大程度上归功于其所带来的独特的视觉和听觉体验。该节目以创新的方式利用图像记录，创造了独特的视觉风格，让观众仿佛置身于一幅幅生动的山水画中。例如，首集开始时，采用了“庄周梦蝶”这段古文，以动画形式将其描绘得活灵活现，令人叹为观止；接着是具有浓厚中华文化气息的宣纸画轴等元素出现，配合着主题内容展示出风景如画的山区、辽阔的大草原和陡峭的高山等地理风貌。摄影师运用多种技巧（包括空中视角、微型镜头等）捕捉到这些美景，使得画面既有大视野也有小细节，并且参考了中国画的绘画风格，如构图、书法注释、空白处理等，打造出了能与传统中国画相媲美的美丽画面。

《绿水青山看中国》的演播厅设计也独具匠心，巨幅的LED屏幕让参赛者和观众融入这绿水青山之间。节目中运用的VR融合互动技术更是让人眼前一亮，它将多个自然场景与大屏幕完美融合，使得主持人仿佛真的漫步在扎龙湿地、三沙海底世界等美景之中，画面唯美惊艳，令人震撼。这种高科技的应用不仅提升了节目的观赏性，也让观众能够更加身临其境地感受到大自然的魅力。同时，节目游戏环节中涉及的不同地理方位在地板屏幕上出现，精确呈现出在中国地图上的地理方位。地屏的出现不仅创新了节目演播形式，还拓展了观众的收看视角。

《绿水青山看中国》还通过讲述人与自然和谐共生的故事，传递了保护环境的重要信息。每一期节目都会选择一个特定的地区或景点作为拍摄地点，通过深入挖掘当地的自然资源和文化遗产，展现中国各地独特的自然风光和人文景观。同时，节目还会邀请专家学者进行讲解和点评，让观众了解到更多关于环境保护的知识和技术。

（三）解读评说共述生态环境背后的中国文化

主持人风趣的语言与嘉宾们独特的解读评说带领观众走进中华文化和中国故事的更深处。节目邀请了郦波、蒙曼、王立群和张捷几位学者，围绕地理人文的九大主题，用独特视角讲解地理人文背后的延伸信息，从而升华主题，令观众在自然视觉盛宴中受到中华文化的熏陶。

通过科普地理知识与深入探索传统文化，让观众了解其背后的中华文化，不仅能提升观众对祖国大江南北自然地理的认知，也能满足不同群体观众个性化的文化需求，兼顾精神与审美境界。答题伴随外景拍摄的宣传片虽然能带给人们某种形式上的带入感，却难以触及地方文化和生态理念中的内在价值与精神内核，不能作为节目的最终诉求。在创作叙事性的内容时，专家学者们将地理和文化知识由表面上的阐述转向深层次的理解。他们不仅关注现今的中国故事，也回顾了传统文化的历史资源，以此来传达中华精神。

《绿水青山看中国》这个节目的核心是从人类的角度来探讨环境问题，它跳出了传统的理论框架，以多元的角度展示中国的美丽山水和人文景观，同时还包括对生态环境保护措施的分析和评价。这样一来，观众就能更深入地理解这些抽象的观念如何影响日常生活和个人行为，从而激发他们对于可持续发展的关注，推动人们形成更加环保、节能、减少污染的生活习惯，最终使更多的地区变得更加清新宜居，让人们能够看到美丽的风景、清澈的水源，从而产生更深的对故土的热爱。这是一种把深奥的话题用生动的语言呈现出来的方法，使得公众能更好地接受关于环境保护的思想，并且付诸实践，创造出一种新的思维模式——人与自然和谐相处。

二、《美丽中国》：生态商养成节目模式的创新表达

自2018年9月15日起，每周六21点20分，山东卫视首档生态商养

成节目《美丽中国》播出，共12期，每期都有3名环境保护倡导者上场，他们通过自己的亲身经验来阐述他们的环保生活方式和观念，并鼓励大众参与到环保行动中。同时，节目组还邀请了周宏春、吴学兰、萨苏等名人作为评论员，另外还有8名“青春观察团”成员对这些环保意见进行激烈讨论。

大多数人可能没听说过“生态商”这个名称。丹尼尔·戈尔曼是哈佛大学心理学博士，也是“情商”概念的创始人。他在最新的书籍《情商5：影响你一生的生态商》中对“生态商”这个概念进行了重点强调。戈尔曼指出，对于关心生态环境的人来说，仅仅靠回收垃圾、购买生态食品和使用节能灯泡是远远不够的，提高“生态商”的关键是要改变人们的思维方式。节目组聚焦环保观念，将全新的生态商养成概念根植于观众内心。

（一）创新形式，为绿色发声

平凡铸就伟大，英雄来自人民，平凡人讲述不平凡的环保故事。《美丽中国》作为首档生态商养成节目，无论是形式上还是内容上都比以往生态类节目有所创新。节目组“剑走偏锋”，与热火朝天的益智类节目不同，而是将环保理念通过人物个人事迹短视频、个人演讲、观察员辩论、嘉宾分析点评的形式呈现给观众。

节目组设置了“青春观察团”与专家解析的环节，邀请了一批“90后”和“00后”的年轻人组成“青春观察团”，以及三位不同专业领域的学者。“青春观察团”的大胆质疑活跃了节目气氛，专家对发声人的点评与解读具有专业性与权威性，为观众提供更严谨、科学的参考价值。第6期节目中，在听了“绿色发声人”朱锦的“无醛”故事后，观察团的成员向朱锦提出疑问：“这种无甲醛的大豆胶黏剂是否价格会比传统胶黏剂贵？”朱锦解答说，经过团队的不懈努力，如今其价格与传统胶黏剂价相比并无差别，大家可以放心购买。“青春观察团”成员的疑问，体现了节目将环保与实际生活联系在一起的理念。装修房子后人们会关心甲醛问题，但是在装修前期，使用材料费用的问题也是大众所关心的。提问者们所提的问题具有普遍意义，朱锦则成功地解答了众人心头的困惑，使得他们不再担忧被高额消费困扰并能安心购物。首期节目中作为“绿色发声人”的谷晓磊倡导了一种绿色生活方式——“到海边，请扔掉你的防晒霜！”这使得现场女性观众颇为疑惑。他随后解释，经过海水的生物富集的作用，防晒霜里面的一些有害物质、化学物质会被层层累积叠加，从而可能引发珊瑚白化现象，进而影响海洋生态链的完整。他通过趣味性的海底故事，呼吁大家做好物理科学防晒，保护海洋生态。这一观点随后得到了大家的认同。

（二）平实语言讲述个人故事，引发观众共鸣

单向传播学术演讲和环保知识科普不易被观众接受，简单传播生态环保理念容易演变成说教的形式，令观众厌倦。“绿色发声人”根据自身的经历，将自己的环保理念进行故事化处理，让观众进入故事中，产生共鸣，有利于宣扬环保理念，使传播效果最大化。节目组邀请的发声人中，有科学家、潜水员、工程师、农民、志愿者等，这些人可能就出现在你我身边，但他们都有一个共同的身份——环保守护者。

《美丽中国》第6期节目中的“绿色发声人”朱锦，他放弃了美国的优越待遇，一心回国只为了给大家除甲醛，让人们过上“无醛未来”的生活。甲醛，是当代人经常听到的一种有害物质。节目开头先通过VCR短片介绍了这位“无醛”科学家朱锦，他的日常生活就是科研；他放弃美国的高薪待遇，与妻子子女分隔两地，一年只能见上几次面。看到这里，场下观众露出了疑惑的表情。朱锦来到台上，面对观众的疑惑，他先向观众科普什么是甲醛，并提起在一项调查中，患白血病的幼童中有80%的家庭在近一年内搬过新家，新房装修与出租房的甲醛问题让人心惊。朱锦说起自己的初衷，就是不想让更多人被甲醛坑害，于是下定决

心，不赚钱也要将实验搞下去。在美国期间，朱锦就开始研究不含甲醛的木材胶黏剂，由于条件有限，只能用家里的烤箱和吃完的雪糕木棍来做实验。得到初步研究成果后，朱锦毅然放弃了美国的高薪，回国埋头苦干，花费近三年时间，终于与团队一起研发出无甲醛的大豆胶黏剂，并研究出了由玉米淀粉制成的“玉米塑料”和由秸秆制成的环保仿木。该项发明填补了中国木材市场此类材料的空缺，并且解决了秸秆的处理问题。朱锦说自己是一个地道的山东人，希望把更多力量落实到行动上，自己的努力是希望通过科技的力量使化学物质服务于人。

“治沙先锋”张立强回忆当年黄沙漫天的景象时，向观众形容“刮了一晚上风，第二天门被外面堆起来的沙堵得开不了，父亲只能从窗户爬出去，将沙铲走才能打开家门”。张立强的父母曾是村子里的“万元户”，为了改善毛乌素沙漠的环境，家里变得负债累累，父亲也因治沙时落了病，第二年就去世了，母亲接过治沙重任后带领全家人继续植树造林；家里最窘迫的时候，催债人上门让母亲卖树，母亲也不愿意舍弃这群被她守护多年的“生命之树”。30多年来，张立强带领一家老小在老家毛乌素沙漠植树造林。据不完全统计，张立强一家人这些年共种下2800多万棵树，治沙面积高达11万亩。如今的毛乌素沙漠经过多年的治理早已焕然一新，从黄沙漫天飞变成塞上绿洲。在最终环节里，张立强的儿子向公众展示了他在山西省就读大学时的经历，他所学的课程是园林设计与规划。在整个节目中，有一幕场景令人难以忘怀：张立强把他过世的父亲遗留下来的剪刀交给他的儿子，这个简单的举动仿佛象征着“唯有植树才能带来生机和希望”这一观念被传递到了他的后代身上。这种传承的精神感动了在场的每一位嘉宾，张立强的“愚公治沙”精神也传递给了电视机前的我们。

（三）关注个人，全民参与

生态商养成节目是为了传递生态环保理念，呼吁全民共同加入环保事业。在节目播出期间，节目组采用线上与线下相结合的方式，在北京、济南、西安多地展开推广全国首个官方“捡拾慢跑”公益活动。不少观众深受节目触动，纷纷加入其中。2018年9月15日，《美丽中国》借鉴当时国外流行的plogging（边跑步边捡垃圾）活动，以“健身+环保”的方式在北京奥林匹克森林公园举行“捡拾慢跑”活动；除了节目粉丝，路过的行人看到这一活动后也纷纷加入，大众的参与用实际行动在线下传播环保理念。

《美丽中国》与拥有程序化演讲技巧的脱口秀节目不同，它以讲述日常为方式，以话题设置和对比思考切入环保理念，平实的语言与真实的故事才是最打动人的。节目语言平实近人，抛弃刻板教化，结合时代背景，将中国发生的改变通过真实的人物讲述的真实故事展现出来，引导更多人加入生态建设实践的队伍中。

第八章　娱乐文化类电视节目助力生态文明建设

生态文明建设是关系中华民族永续发展的根本大计，生态文明理念传播需要全社会一起行动。近些年，我国不断加强生态环境治理，采取多种措施，宣传环保知识，激发全民的环保意识，鼓励公众积极参与生态保护，推动生态文明理念的实践。随着生态议题日益进入公众视野以及生态文明建设的不断推进，生态传播已经被提升到了一个重要高度。越来越多的影视作品开始聚焦于这一议题，旨在通过艺术的形式传达生态保护的重要性以及人类与自然和谐共生的理念。通过电视影像的呈现，不仅能够给观众带来丰富的视觉享受，更能够引发他们对生态建设的深刻思考。

电视节目作为传播的重要形式，因其影视传播的广泛性和直观性而受到重视。一方面，近年来出现了《绿水青山看中国》《绿色答卷》《美丽中国》等以生态建设为主要内容的电视节目，不仅在数量上逐步增多，在内容上也紧扣时代脉搏，融合了生态、科普、文化、教育、娱乐等多层次内容，贯彻生态文明思想。这些生态文化类电视节目通过结合社会热点、融合主流价值、创新节目模式等路径和方法来实现对生态文明理念的树立和传播。另一方面，在生态观念的传播以及主流价值的引领之下，一些娱乐文化类电视节目也积极创新节目形式和内容，传递健康向上的价值观，正面呈现环保成果，如《极限挑战》《天天向上》《小小的追球》《一路前行》等节目在娱乐化的同时融合环保、公益、文旅、人文、探索等内容，不仅对现有过度娱乐化的节目倾向起到一定矫正作用，还向观众有效科普了环保意识。这些节目在结合社会热点话题方面也具备天然的优势，能够在娱乐环节中向受众传递人文情怀，在自然生态的场景中令观众感受到当地的生态文化、民俗文化、家庭文化以及引人深思的社会问题，由此给观众营造一种清新自然、积极向上的生活方式。

电视娱乐节目与生态文明建设的结合，不仅能助力推进生态文明的发展，也为大众带来了一种新的娱乐方式。这种电视节目制作模式充分利用了综艺节目明星互动、趣味挑战的娱乐性，利用“热流量”带动了生态文明建设的“冷知识”。在这种模式下，观众在享受精彩节目的同时，也在不知不觉中学习到了生态文明建设的知识，增强了环境保护的意识。这告诉我们，娱乐与教育可以并重，轻松与责任可以共存。

第一节　娱乐化电视节目的生态路径

随着媒介产业化的推进，以收视率为导向的节目形态构建已经成为电视媒介发展的主流。如果把电视节目形态划分为新闻、娱乐和资讯三大类，那么娱乐节目占据着主要的地位。在这样的背景下，不少电视节目为了追求收视率出现“泛娱乐化”的倾向，通过设计大量的情节冲突和无厘头的戏剧表演来博取观众的眼球。但是，对娱乐节目的过度热衷和追捧，不仅导致了娱乐节目在数量上的泛滥，而且导致了节目格调和品位的媚俗、低下。2006年，中央电视台提出“绿色收视率”的概念，不仅是对只追求收视率的一种强烈反驳，更是提出了一种全新的、更加可持续的电视媒体传播模式。在媒介产业化的进程中，如何以节目为载体，构筑电视媒介的生态格局，不仅是一个重要的实践命题，更是一个重要的社会责任与理论命题。

一、“环保+文旅”真人秀节目模式

“环保+文旅”真人秀节目是一种寓教于乐的节目模式，既能满足人们的娱乐需求，又能提高观众的环保意识和文化素养。这类节目通常以环保为主题，通过邀请明星嘉宾参与、合理设计任务、加强合作、注重宣传等方式，让观众在轻松愉快的氛围中了解环保知识、学习环保方法，同时体验当地的风土人情和传统文化。节目中，嘉宾们需要完成一系列与环保相关的任务，如垃圾分类、节能减排、保护野生动植物等，同时还要参与当地的文化活动，如学习民间手工艺、品尝地方美食、参观历史遗迹等。

芒果TV推出的综艺节目《小小的追球》是一档先锋试验旅行真人秀节目，该节目由4位嘉宾组成“追球团”，从北极、冰岛、丹伯灵、巴厘岛一路旅行，最终到达西双版纳、昆明。不同于其他旅行综艺，《小小的追球》不仅展示了世界各地的美景，还关注了环境问题，呼吁人们保护地球。节目以“赶在一切消失前”为主题，传递了“爱地球，抓住现在”的理念。例如节目第1期深入探索北极圈，让大家更加深刻地认识到，在这个极端的环境中，人类只能以一种敬畏的态度去保护它，且应该以一种更加负责任的态度去保护它，以此为榜样，去实现蓝天保卫战，成为一个真正的保卫者，而不能以一种贪婪的心态去掠夺。

《小小的追球》以其独特的教育方式打破了传统科普的界限，节目将冰川消融、海洋环境恶化、野生动植物濒危等生态环境现状，以旅行探索的方式一一呈现在镜头前。它不局限于枯燥的文字解说或简单的图像展示，而是将嘉宾们带入各种自然环境中，让他们亲身体验和观察，从而更直观地理解自然界的奇妙现象和生态平衡的重要性。节目的核心理念在于通过趣味互动和实地探险的方式，引导公众尤其是年青一代关注地球环境问题，提升环保意识。

此外，《小小的追球》拍摄了很多令人惊叹的自然景观，如北极圈的极光、冰川、北极熊，雨林中的瀑布、植物、野生动物，沙漠里的沙丘、绿洲、星空等。节目组用高清摄像机和无人机捕捉了这些美丽而珍贵的画面，让观众感受到大自然的壮丽和神奇。不仅如此，这档地理人文类电视节目在画面制作上也下了很深的功夫。

《小小的追球》聚焦于现场的真实场面，通过捕捉和展示现场的细节，让观众更深入地理解世界的复杂性。它打破了传统的节目方式，从一个更加直接、更具现场性的视角，展现出一个完整的世界。通过对“追球团”的纪录片式拍摄，不仅强调了画面的精致和令人惊叹，也着眼于客观的叙事和描绘，让观众能够获得身临其境的感觉，并且能够激发他们的深刻思考和反省。比如，“追球团”纪录片采访了北极金鱼号科考船的船长，拍摄了因冰川消融导致无家可归的海洋动物，还拍摄了它们坠入80米高的悬崖，最终不幸丧命的真实景象，并且对“追球团”成员的表情和心理状态进行了精确的描绘，让人们能够深刻地感知到这个世界的残酷和多样。通过强烈的视听效果，以及精彩的镜头语言，节目让人们能够有一种真实的体会，让他们从眼前的世界里被激发出来。通过细腻的画面，使故事逐步展开，让人们深刻地认识到自己的内在价值，并且能够更好地理解自己的日常生活。《小小的追球》以全新的叙事模式重新定义了“追球团”的故事情节，通过“环保”演员的视角，将当今世界和文明融入环保的故事中，在这个快节奏社会中，让环保的故事更加具有深度和意义，让“追球团”的故事更加丰满，让环保的故事更加具有时代感和魅力。

《小小的追球》不仅打破了传统的户外旅行模式，更构建了一种全新的环保宣传方式，它紧跟气候变化，通过欢乐和思考来传递环保的精神，从而激发人们的活力，追求更美好的未来。通过“关注全球生态、环保从身边做起”的倡导，中国青少年勇于拥抱变革，勇敢地践行绿色理念，不断推动社会的可持续发展，这不仅是一种表达，更是中国在国际舞台上的重要角色，它为全球社会树立起中国的绿色理念，彰显着中国的环境友好理念以及国家的责任感和使命感。

二、“环保+探索”体验类节目模式

何为“体验”？从概念发展史观的角度出发，“体验”在不同的学科领域有着不同的含义。哲学领域是最先对“体验”进行研究的领域，紧随其后的是心理学、美学、教育学、经济学等众学科。其中，“体验经济”的提出标志着经济学界的一次重大转变。“体验经济”的概念将消费者的需求放在首位，通过提供有价值的体验，企业可以利用商品的特性，为消费者带来更多的惊喜和满足感。例如旅游业推崇的“体验式旅游”就是一个典型案例，迪士尼乐园、欢乐谷、环球影城等主题公园的建设增加了消费者的旅游体验感，满足了其多样化需求。

探索是指对未知领域、未知事物进行研究和发掘的过程。探索是人类认识世界、了解未知的一种基本方式，也是科学、技术、文化等领域发展的重要动力。探索的本质是追求新知识，探索的目的是满足人类的好奇心和求知欲。探索的过程中需要具备创新思维以及勇于冒险、不断试错的精神。探索不仅可以扩大人类认知的边界，还可以带来新的发现、新的创造和新的经验。

“环保+公益+文旅”的融合创新模式下，体验类综艺以“助力生态+体验探索”为核心，人文地理体验类节目对“呆板”的地理人文知识进行多样性阐释，并与社会主流价值观契合，助力生态文明建设。该类节目的拍摄场景从室内走向户外，观众从被动式“直给化”变为主动式“探索化”，从而形成更深层次的人文地理互动和助力生态文明、保护自然环境等主流价值的传递，开启人文地理体验、探索类综艺节目新样态。

综艺节目《一路前行》是上海广播电视台联合哔哩哔哩出品的大型公益环保纪实节目。胡歌、刘涛、陈龙三位著名演员作为项目发起人，实地参与了诸多公益环保实践，完成了一次绿色低碳的全媒体行动。该节目以沉浸式探索记录的形式，聚焦环境保护工作和低碳生活方式，展现了一系列推动绿色发展、共同建设美丽中国的故事，是一次重审人与自然关系的问心之旅。

节目模式的核心在于实地探险与环保实践的完美结合。每一期节目都会带领观众前往不同的生态环境，如热带雨林、干旱沙漠、深蓝海洋等多样的自然场景。在这些地方，生态学家、野生动物专家和环保志愿者共同参与，以专业的视角深度解析每个生态系统的独特性以及目前所面临的挑战。比如，在热带雨林中，节目展示了丰富的生物多样性以及森林砍伐对生态系统的影响；在干旱沙漠中，节目揭示了水资源短缺对当地生态环境和人类生活的影响；在深蓝海洋中，节目关注了海洋污染和过度捕捞等问题。

《一路前行》还关注了许多国内外成功的环保案例和技术创新。比如，中国的“海绵城市”概念，即通过模仿自然的方式吸收和利用雨水，有效缓解城市内涝问题。再如，欧洲的“绿色建筑”理念，即通过节能设计和可再生能源的应用，降低建筑物的碳排放。在推动绿色发展的过程中，政府、企业和公众的共同参与至关重要。《一路前行》通过实地探访和专家讲解，让观众了解到政府部门在环保政策制定和执行方面的努力，同时也展示了企业在绿色技术和产品研发方面的创新。更重要的是，节目强调了每个人在日常生活中都可以为环保贡献自己的力量，比如节约用水、减少塑料垃圾、绿色出行等。

作为一档公益环保纪实节目，《一路前行》不仅提供了丰富的环保知识，还通过生动的案例和实践探索，激发了观众对环境保护的关注和参与。在这个过程中，人们逐渐认识到，人与自然的关系是相互依存的，只有保护好自然环境，人类才能持续发展。

从社会层面来说，融合创新模式下的体验探索类综艺节目不仅展现出人文地理的魅力，还与社会紧密联系，具有社会属性，应承担起社会责任。这类综艺节目在主题选择上与保护环境以及生态文明建设高度契合，节目内容以嘉宾体验、探索为特色，在观众观看节目的过程中潜移默化地传达环境保护的主旨理念，同时，在融合创新模式下的这类体验探索类综艺节目，通过嘉宾身体力行的参与，也逐渐建立起“人人为我，我为人人”的理念，以及助力生态文明建设、从小事做起的绿色理念。

三、“公益+娱乐”综艺节目模式

伯纳德·科恩强调，媒体不仅是资讯和观念的发布机构，还可以在改变人们思维方式方面发挥作用。根据议程设置原则，媒体可以通过关注特定话题、制定有效政策来改变社会的舆论。随着综艺节目越来越多地把重点放在特定的话题和事情上，观众对它们的兴趣和参与性也越来越高。[①]这一观点揭示了媒体深远的影响力，尤其是它在议程设置上的重要作用。

议程设置是传播学中的一个核心理论，它认为媒体通过强调某些话题来影响公共议程和人们的关注点。换言之，媒体并不直接告诉人们如何思考，却成功地告诉了人们应该思考些什么。当媒体报道持续聚焦于特定的议题时，这些议题逐渐被大众视为重要并引起广泛讨论，进而可能影响政策的形成和社会舆论的方向。以环境问题为例，媒体不断报道全球气候变暖的影响、生物多样性的丧失以及环境污染对人类健康的威胁等话题，这些报道激发了公众对环保的关注，从而改变了社会的舆论

① 巴兰，戴维斯. 大众传播理论：基础、争鸣与未来［M］. 曹书乐，译.5版. 北京：清华大学出版社，2004：307.

环境和政策导向。

而在娱乐领域，尤其是综艺节目中，这种议程设置现象同样明显。随着节目制作越来越注重内容的多样性和深度，节目组开始围绕特定的话题进行设计，如社会问题、生态环保等。这样的内容安排不仅能为观众提供新的娱乐体验，也潜移默化地传递了特定的价值观念和生活方式。观众在享受节目的同时，不自觉地接受和参与了这些社会话题的探讨，增加了节目的吸引力，同时也提高了观众的参与感和社会责任感。

电视综艺节目《奔跑吧·生态篇》就是一次结合了公益环保主题的创新尝试。在《奔跑吧·生态篇》中，节目组通过设计一系列寓教于乐的游戏和挑战，向观众展示了生态保护的重要性。这些游戏不仅考验了明星嘉宾们的团队协作能力和应变能力，还让他们在亲身体验中学习到环保的相关知识，从而引导观众思考如何在日常生活中实践环保理念。

比如节目中的"垃圾分类"任务设计，通过这一环节，观众得以了解不同种类垃圾的处理方法和重要性，认识到垃圾分类对于资源循环利用、减少环境污染的关键作用。除此之外，节目还通过模拟海洋污染的情境，让观众看到塑料垃圾对海洋生物的危害。嘉宾们需要在水中寻找并回收塑料垃圾，这个过程既辛苦又让人为海洋环境担心。它提醒我们，每一次不经意间丢弃的塑料瓶，都可能成为夺取海洋生物生命的凶手。节目中还设置了"植树造林"的挑战，嘉宾们需要在规定时间内完成树木种植任务，并确保树苗能够健康生长。这个过程不仅让嘉宾们感受到了劳动的乐趣，也向观众传达了一个信息：每一棵树都是地球的肺，我们每个人都应该参与到"增绿添彩"的行动中。

《奔跑吧·生态篇》不仅仅是一档娱乐节目，它用生动活泼的方式，将枯燥的环保知识转化为观众容易接受和记忆的内容。它告诉我们，环保不是高高在上的口号，而是融入我们生活中的点点滴滴。从垃圾分类，到植树造林，再到保护海洋，每一步虽小，却能汇聚成保护地球的巨大力量。通过这样的节目形式，观众在享受节目带来的乐趣的同时，也在不知不觉中提高了自己的环保意识。

自从“双碳”战略（实现“碳达峰”和“碳中和”目标的战略）实施以来，全国各地纷纷落实政策，结合当地发展状况，因地制宜发展绿色经济、低碳经济。在这一进程中，绿色发展理念被深深根植于人们的心中，成为社会各界共识。在全国范围内，我们可以看到不同地区的多样化实践。其中，老牌电视综艺节目《天天向上》在2022年2月18日这期节目中特别推出了“双碳新生活”专题节目，通过电视媒介向广大观众宣传了绿色发展的理念。节目不仅传递了环保知识，还倡导了绿色生活方式，引导公众参与到低碳生活的实践中。这样的节目内容，无疑对于提高公众的环保意识、促进社会整体的可持续发展具有重要意义。

节目组邀请了各行各业的专家和达人向观众科普“双碳”知识。节目中，主持人与嘉宾通过深入浅出的讲解和互动，使复杂的环保知识变得易于理解。比如，国家气候战略中心战略规划部主任柴麒敏向观众科普，双碳即“碳达峰”与“碳中和”的简称，背后其实是气候变化问题。工业革命之后，工业化进程的加速导致以二氧化碳为主的温室气体排放不断增加，使得全球碳循环失衡，“碳达峰”和“碳中和”就是为了解决这个问题而提出的。同时向观众科普为什么“碳中和”不叫“零排放”，因为翻译的时候将中国文化中人与自然和谐相处的理念放了进去，体现出中国智慧。黄通、唐婧、朱伟卿、宋悠洋等专家为“碳中和”主题公园的总体规划提供建议，并与节目主持人及观众一同玩益智游戏，以便令大家更好地理解“双碳”的内容。节目中黄通所说的“一部手机的碳排放量达80公斤，比一个人还重”的新颖观点令在场的所有人都大为震惊，他强烈建议人们不要经常更换手机。节目组还邀请了“垃圾小王子”童鸥，他在现场讲述了自己将垃圾变成艺术品的灵感来源以及如何通过再利用的方式变废为宝，使旧物品摇身一变，变成精湛的艺术品。童鸥的环保理念是“垃圾只是放错了地方的资源”。通过“改变未来的5分钟”演讲，童鸥的环保理念也由“垃圾”传递给了更多的青年观众。多个行业共同展现为“双碳”战略贡献的宝贵力量，观众也在其中学习普通人如何做些力所能及的小事来减少碳排放。

《奔跑吧·生态篇》《天天向上》等“公益+娱乐”综艺节目模式，通过娱乐化的方式让观众在娱乐消遣的基础上获取了丰富的环保知识，更重要的是激发了观众参与生态建设的热情。娱乐化是一种以娱乐为中心的文化行为，旨在通过提供有趣、有意义的内容来满足观众的心理需求，而“娱乐+”等形式的电视节目则致力于将其发展到更高层次，旨在实现节目的有趣、有意义，两者之间的关系必须协调一致，才能达到最佳效果。需要注意的是，突出强调公益性时，需警惕娱乐节目说教色彩太明显、大幅渲染轻松搞笑等，要避免陷入空洞无意义的旋涡。在融合创新模式下的人文地理类电视节目运用内容设置“娱乐+”，以及“热流量”带动“冷知识”这样的娱乐创新模式，向观众传达保护生态的意义。

第二节　娱乐文化类电视节目的生态价值呈现

一、自然、人文、生态的价值传播

人不是孤立存在的自然人，而是社会系统中的人，当人与自然的关系处于和谐之中时，真正的人类文明才有可能被创造出来。人文生态与自然生态和谐共生，人类的生存发展活动促使自然景象具有文化属性，自然在认识论上有了新的含义。这种物质形态的自然逐渐构筑成了一个支撑文化形态的物质实体，是人类日常生活和生存体验的基础，同时又是指向一种社会认知的景观形态。因而，自然生态与人文生态存在关联与互动的关系，并有从自然生态向人文生态拓展的趋势。[①]从自然生态

① 李利. 自然的人化：风景园林中自然生态向人文生态演进理念解析［M］. 南京：东南大学出版社，2012：31-32.

演进到人文生态，在这个过程中，人类充分获取自然物质来满足个人需求，在自然景观中留下了人类活动的痕迹，长此以往，自然也具有了文化属性，并逐渐演化成为具有人文气质的景观。

在现代社会的快节奏生活中，城市居民与自然环境之间的联系似乎越来越疏远。高楼大厦取代了葱郁的树木，电子设备的屏幕成了人们日常“观赏”自然的主要窗口。这种生活方式的转变，不仅改变了我们对于自然的态度，也逐渐削弱了我们对自然生态的文化感知与辨识能力。然而，随着慢综艺等文化产品的兴起和普及，这一趋势似乎有了逆转的可能。这类节目往往以“前往不同的城市，来一场治愈人心的旅行”为初衷，旨在通过展示不同地域的自然风光和人文特色，唤起人们对自然的认知和对生活本真的向往。正是基于这样的理念，它们不单纯追求娱乐效果，而是更加注重深度和文化内涵的传递。通过精心选取的自然景观，这些节目拓宽了观众对自然景观解读的视角，能够阐释更多意义。它们让观众意识到，自然不仅是视觉上的美景，更是承载着丰富文化和历史记忆的载体。这种认识的转变，对于现代人重新建立与自然的联系、增强对生态环境的保护意识具有重要意义。

电视节目《向往的生活》中蕴含了丰富的人文生态景观，再对照每季的拍摄地点，可以发现这些景观具有鲜明的地域文化特色，是智慧的劳动人民在适应当地环境后改造自然浓缩而成的自然与人类创造力的结晶。第一季的蘑菇屋位于北京市密云区花园村，其建造参照了北方园林设计元素，如石头、老瓦、旧木、夯土、老砖等，另有土炕、石磨、凉亭等北方农村民居特色，透露出古朴典雅的气质；第二季选址在浙江省桐庐县，这里四面环山，中部为狭小河谷平原，其间丘陵错落，特殊的自然条件和生态环境造就了宛如空中云阶一般的梯田风貌；第三季节目组前往了湖南省湘西土家族苗族自治州的翁草村，临水而建的吊脚楼是这个拥有百年历史的苗族村寨的文化特色，除此之外，为带动当地经济发展、充分利用土地资源，翁草村与浙江省安吉县跨区域合作种植白茶，建设茶旅文化种植基地，具有现代人文生态价值挖掘潜力；第四季的取景拍摄地点为西双版纳曼远村，无论是水果种植、饮食习惯、民族服饰还是房屋建筑，都是当地人民适应自然、改造自然的实践活动演化的结果，彰显了傣族的民族风情与生态宜居的美好场景；第五季选择了陶渊明笔下描绘的“桃花源”，孤岛、扁舟、桃花林、平房、开阔的土地……这些带有世外仙境意向的景观，展现着人们栖居山林间恬淡自由的生活；第六季的拍摄地点是海南，海边停泊的一艘艘渔船、指引方向的灯塔、日常的出海记录等，都是沿海人民“与海共生”的人文景象。

2020年8月，东方卫视打造了10期特别节目《极限挑战宝藏行·三区三州公益季》(简称《三区三州公益季》)，以“综N代”IP《极限挑战》为基础，展现了一场别开生面的公益之旅。节目中，由黄渤、孙红雷等组成的“极挑男团”与三区三州的演职人员一起，深入探访了当地的生活和脱贫攻坚情况。他们不仅体验了当地的风土人情，还通过一系列有趣的任务和挑战，为观众带来了欢笑与感动。通过“极挑男团”的行动，观众可以更加直观地了解到三区三州的发展现状和脱贫成果，从而激发更多人参与到公益事业中。

“三区三州”中的“三区”分别指西藏自治区，青海、四川、甘肃、云南四省藏区，以及南疆的和田地区、阿克苏地区、喀什地区、克孜勒苏柯尔克孜自治州四地区。“三州”具体包含四川凉山州、云南怒江州、甘肃临夏州三州。“三区三州”中的80%以上区域坐落在青藏高原上，在这里自然条件较差、经济基础较弱、贫困程度较深。与此同时，这里虽然自然条件苛刻，但正是这份独特赋予了它无与伦比的自然人文景观。这里自然人文景观和旅游资源富集，为通过旅游开发推进当地产业转型升级、脱贫攻坚，“三区三州”旅游大环线应运而生。

《三区三州公益季》通过重新构建IP和角色，以全新的故事框架来展示扶贫题材，开启一个全新的发展模式。《三区三州公益季》深入西藏、新疆、青海、四川、甘肃、云南等地，以此来推动当地的经济社会进步。“极挑男团”以新疆喀什作为起点，沿“三区三州”的旅程穿越各地，深入研究当地的独特资源、古老文明，宣扬绿色思想，将最优秀的自然风光和丰富多彩的人文历史呈献给广大观众，同时也让“三区三州”的资源更加深入地被认知，激励更多的粉丝参与其中。通过采用全新的制作方法，该节目不仅完成了内容的革命性转变，还完成了对环境和社会的双重贡献。

从社会教育层面来说，首先，在融合创新模式下，这类以助力生态文明建设为题材的综艺节目，可以提高社会的环保意识和环保素质，形成绿色生产、绿色消费、绿色生活的社会氛围，从而推动社会的可持续发展。其次，生态教育可以促进社会的和谐发展，加强人与自然的联系和互动，形成社会稳定和谐的局面。最后，生态教育可以促进社会的创新和进步，培养具有创新精神和创新能力的人才，推动社会的科技进步和文化发展。生态教育的意义和价值不仅体现在对个人的教育和培养上，也体现在对整个社会的影响和改变上。生态教育不仅是一种教育方式和手段，更是一种生活方式和生存哲学，它通过对人与自然关系的思考和探索，引导人们保护自然、保护环境，发展科技、促进和谐，实现人与自然和谐共生的目标。

随着近年来各类综艺节目的不断涌现，生态美学的理念得到广泛推崇，并且受到越来越多公众的重视。作为一种新的思维方式，生态美学旨在重新探索人类与自然之间的联系，并将其作为一个完整的整体来考虑。通过深入探究人类与自然之间的互动，我们可以更好地理解我们的社会，并且更加尊重我们的未来。《小小的追球》让我们踏上一段令人难忘的环保之路，从全国各地到极寒的挪威朗伊尔城，一路上见证着清新的雪景、绚烂的极光，令人心潮澎湃。这趟探险之旅既充满激情又充满挑战，让人不禁为自己的行为而叹服。在寻找北极熊的路上，跟随着当地的向导，发现他们拿着武器仅仅是为了恐吓它，从而体会到了人类和自然之间的微妙联系。周冬雨说：“作为一个访客，我们应该以尊重和最大限度的约束力，想办法改善当地的自然环境。”在冰岛的冰川底部，“追球团”与蓝冰洞美妙邂逅，自然的神秘力量让这些梦幻般的冰洞变得更加美丽，而这些都在综艺节目中被用来传达自然生态的美学理念。

二、“热流量”带动“冷知识”实现融媒传播优势

生态环保，作为当今社会的一个重要议题，需要被更多的人群了解和关注。然而，专业的环保知识对普通大众而言往往显得枯燥难懂，难以引发广泛兴趣。电视综艺节目因其轻松愉快的形式和广泛的覆盖群体，已成为传播信息、塑造公众意识的重要渠道。节目制作团队巧妙地将环保元素融入内容中，无论是通过明星嘉宾的亲身示范，还是设计寓教于乐的游戏环节，都有效地促进了观众对于环境保护重要性的认识。在生态环保领域，节目的“热流量”不仅吸引了大量观众的目光，更是成功将“冷知识”转化为大众热议的话题，实现了融媒传播的优势。这里所提到的“热流量”可以是指代节目中有嘉宾参与的明星流量效应，也可以是在融合创新模式下，综艺节目所自带的流量，在这样双重流量的加持下，更体现出其传播的优势。

《小小的追球》作为一档以旅行和探索为主的综艺节目，以轻松愉快的方式展现了对于环境的重视，号召每个年轻人都参与到保护我们的家园的行动中来，以此来拯救大自然。该节目的主题不仅是寻找地球的未来，也是鼓励大家共同努力，保卫我们的家园。《一路前行》则聚焦于户外探索和体验，展现大自然的壮丽与脆弱，鼓励人们尊重自然、减少旅行中的碳足迹。而《奔跑吧》作为一档竞技类节目，其环保理念主要体现在宣传节能减排、绿色生活等方面，引导观众在日常生活中做出环保选择。这些综艺节目之所以能够成功地将所谓的“冷知识”转化为热议话题，关键在于它们利用了媒体融合的优势。通过电视这一传统媒

介与互联网社交平台的结合，节目的影响力得以扩散至更广泛的受众群体。观众不仅能够在电视机前获得信息，还能通过微博、微信、抖音等社交媒体平台进行讨论与分享，这种多渠道的传播方式极大地提高了节目内容的曝光率和讨论度。

电视综艺的"热流量"，即高收视率和社交媒体上的热议，对于推动"冷知识"的传播具有不可忽视的作用。一方面，节目的高收视率保证了信息能够触达更广泛的群体；另一方面，社交媒体上的分享和讨论进一步扩大了节目的影响力。在这个过程中，观众不再是被动接受信息的对象，而是成为传播链条中的积极参与者。他们通过点赞、评论、转发等形式，将环保知识推广至更广阔的网络空间，形成一种自发的、"草根"式的环保宣传力量。

"明星效应"助力融合创新模式下地理人文综艺"冷知识"的传播。明星可以被定义为拥有广泛影响力的行业名人，他们凭借着自己的努力、贡献和影响力获得了社会认可。明星也是一种特殊的媒介，能够迅速吸引公众的注意，并在商业和流行领域发挥重要作用。因此，任何包含明星元素的电视节目都应当努力实现明星效应的最大化，以便让明星成为一种受欢迎的象征，同时也能够为节目树立良好的品牌形象，并为社会带来积极的宣传、引领和指导。随着政府对现代生态文明的日益重视，"绿水青山就是金山银山"的理念也被广泛宣扬。

第三节　娱乐文化类电视节目案例分析

一、《小小的追球》：将生态文明理念植入大众文化

环境保护，一直是我国乃至全世界、全人类面临的重要议题。《小

小的追球》在如今环保意识不断提升的背景下应运而生，它以“赶在一切消失前”为主题，通过“追球团”的视角和脚步，向观众展现世界不同地方正在消失的美景，并向观众传达对于环境恶化、气候变化的惋惜与哀伤，表现出环境保护的重要意义，倡议并告诫观众要自觉保护环境、珍惜身边乃至世界上来之不易的美景。

就目前来看，环保主题的娱乐文化类电视节目无论是在数量上还是在质量上，发展都是较为缓慢的。《小小的追球》作为一部相对优秀的娱乐文化类电视节目，通过借鉴其经验，可以简要探究该类型电视节目的发展趋势。

（一）紧扣环保主题

在整体的拍摄过程当中，不让其他元素和环节喧宾夺主，始终以环保的理念贯穿于节目制作的全过程。作为娱乐文化类电视节目，《小小的追球》始终紧扣环保主题，传递出来的许多价值观都与我国的环保理念紧密贴合。整部综艺中有一个长期贯穿的游戏，即每个嘉宾需要佩戴一个手环进行计步，步数作为“碳中和”的依据，形成每日考核，对嘉宾提出任务与要求。比如，在冰岛期间，他们需要通过步数进行“碳中和”，以“1步=1g碳排放”的公式进行换算，传递了低碳出行的环保理念，体现了节目组与嘉宾对于碳排放的责任意识。

节目组去到不同国家和地区，领略各种正在消失的景色之时，往往会通过当地人的讲述和影像资料让我们感受到环境的变化，并反复传递一个观点：环境的恶化与人类的活动是息息相关的。节目组也始终承诺，将把这档节目带回国内，让更多的人了解和关注当地的环境变化，呼吁更多的国人为环境保护献出自己的一份力量。这与我国提出的“人与自然和谐共生”以及“人类命运共同体”理念是相似的。需要特别指出的是，制作方在拍摄节目的过程中，也同样应该以环保的理念进行拍摄。而《小小的追球》就出现了一些拍摄问题，比如违规使用无人机航拍。这样的行为不仅违反了当地的规定，而且会对当地的人和其他生物的生活造成一定的影响。减少对于当地环境的影响，是环保主题的娱乐文化类电视节目的制作方必须要考虑的问题。党的十八大以来，党中央针对环境的治理与保护提出了“绿水青山就是金山银山”、绿色发展、“双碳”目标等诸多论述，不断展现出我国对于环保的重视与决心。环境问题作为当今世界各国面临的巨大挑战，这样的话题值得更加广泛和深入的讨论。

（二）注重纪实呈现

以真实的状态去表达和呈现所要展现给观众的环保观念，使观众更容易收获真情实感，以更加客观、真实、平和的语调表达，来向观众展示环境变化现状，传达环境保护的观念。《小小的追球》正是以真实的语调，通过真实的美景与生态生物、真实的风土人情、真实的嘉宾形象和状态来呈现环保的主题。节目没有采用枯燥的说教来对观众倡议，而是选取了不同自然带、不同国家和地区具有代表性和标志性的景物，这些景物中有大多数都是正在消失的，通过客观、真实的镜头来记录这些正在消失的美景，形成了对于保护环境迫在眉睫的最好论据。真实的镜头起到了更大的触动作用。并且，为了使观众能更好地体会到环境的变化，节目在不同的地方特意邀请了当地人与“追球团”一起，或是传授知识，或是作为向导，或是与“追球团”一起完成任务。用镜头真实记录当地的风土人情，通过当地人的视角，同样能让观众感受当地人对当地环境的热爱与保护，并能通过这些长期驻足于此的目光，来诉说当地环境的变化。当地人对于环境变化的所见所闻，同样具有极高的说服力。

嘉宾们真实、接地气的形象和生活状态，同样为节目的表达增色不少。一方面，嘉宾在大多数时间都是素颜出镜。众所周知，化妆品对于环境的污染是极大的，嘉宾们既是身体力行，通过减少化妆品的使用量来减少对环境的污染，同时也是以身作则，以自身的真实行动来为观众做出榜样。另一方面，嘉宾们真实的状态减轻了颜值对于节目主旨和严肃性的影响，让观众的关注点更多地落在环境保护上，而非在嘉宾的脸上。在这档节目中，嘉宾起到引导观众了解环境保护的作用，更多的是陪衬，为环保的主题服务。相比于如今一些综艺在娱乐性上“白下苦功夫”的“潮流”，《小小的追球》等环保主题的娱乐文化类电视节目褪去浮华，减少夸张、浮躁的“快餐式”娱乐消费，以真实感、慢节奏吸引观众，这样的“逆潮流”之举显得难能可贵。

（三）年轻化、国际化、全球化视角

《小小的追球》通过年轻化、国际化、全球化的视角，让更多的受众能够接受环保观念，并意图将保护环保与全人类联系起来。节目的目的不在于通过一家之言来感化观众，而是期待以不同的视角来给予观众带入的角度，同时为更多在环保方面的联系与合作寻求可能性，推动更多人参与到环境保护当中。

年轻化：年轻化体现在两个方面。一方面是年轻的嘉宾，嘉宾本身就以引导者的身份参与其中，他们自身带给观众的视角就是年轻的，代表了青年一代对于环保的看法与观点。另一方面是年轻化的表达，无论是节目的游记形式，以游玩加入观点输出，起到“润物细无声”的效果，还是更贴近年轻人的叙事方式，将游戏与悬念引入其中，过程中惊喜与意外齐飞，都体现了这一点。

国际化：节目自北极的挪威和冰岛开始，跨越半个地球来到热带的印度尼西亚和我国的云南，到了不同的国家和地区。在体验感受并与当地政府和民众合作宣传不同国家和地区的文化与风土人情的同时，也将不同国家和地区所面临的环境问题带入节目当中，通过节目的播放，增进世界各国观众对于不同国家环境问题的了解，有利于促进不同国家政府或非政府间在环境保护方面的合作。

全球化：环境问题始终是全人类的问题，事关全人类的生存与发展。全球化与国际化相伴而生，但更体现在全人类抛开国别身份，共同为环境出力这一点上。节目组与当地人深入交流，在此过程中与当地人成为朋友，共同探讨环境保护等问题的相关见解，节目所要探讨的，不是某一个国家或地区所面对的环境问题，而是全球共同面对的环境问题。在节目当中，所有人暂时放下了国别身份，以人类的身份，为环境保护贡献出自己的力量。

“三化”的视角为节目提供了一个更加广阔的受众范围，这个范围可以跨越任何年龄、任何国家，走向全人类。这与娱乐文化类电视节目的环保主题是密不可分的。

二、《极限挑战宝藏行·三区三州公益季》：综艺形式承载公益主题的创新表达

《极限挑战宝藏行·三区三州公益季》将主题定为“行”，真实就是节目的价值所在，全景式展示“三区三州”的自然和人文景观、沉浸式体验当地的民俗特色是节目最吸引观众的地方。不难发现，在全部10期节目中，游戏环节的设置和主体内容的安排全部围绕“三区三州”的特色。节目公益性的最直接体现就是对这些地区进行全方位的宣传推介，使边疆地区的特色元素在荧屏上完整呈现。

《极限挑战宝藏行·三区三州公益季》主要通过游戏和闯关的形式将当地扶贫工作展现出来。节目围绕公益理念层层设置关卡和节目进度，做到了自然又有趣。几乎每一期成员们都通过完成节目组设置的任务来推动节目发展，并让观众了解到了当地特色。在第2期节目中，成员们前往新疆红海景区，共同挑战9个关卡。他们学习了新疆特有的舞蹈，并与当地居民互动，通过这些艰苦的考验，最终才找到了宝藏。在闯关过程中，节目剪辑配以特效文字、卡通表情、画外音等，能够吸引

观众快速进入情境，增加了节目的可看性、趣味性。运用层层递进的剪辑手段，节目的结构更加严谨，节奏更加鲜明，增强了观众不同的视觉体验与心理体验。

娱乐性与公益性应巧妙融合。综艺节目普遍向公益性方向发展有两方面的原因：一方面是大众媒体对自身价值的理性回归。作为大众媒介的重要组成部分，电视媒体发挥着“喉舌”作用，具有一定的价值引领和宣传鼓舞作用。它们服务于受众，过度娱乐化可能会导致负面影响，如浅薄、刺激、煽情等。因此，制作和传播公益主题的综艺节目或者在节目中融入公益元素，已经成为电视媒体实现社会效益与经济效益的一种有效手段，这也正是它所具备的强大推动力。另一方面，娱乐节目行业生态的变革使得公益性成为综艺节目的“制胜法宝”。2018年，国家广播电视总局出台了系列举措，加强了对综艺节目的管理。而在越来越丰富的视听产品市场中，观众的需求也越来越高，综艺节目向公益性方向发展很好地平衡了政府、社会和节目三者之间的需求。

综艺节目向公益性方向发展的最终目的，是要实现节目的有意思和有意义，这两个目标维度只有巧妙融合，才能互相促进。通过将《极限挑战宝藏行·三区三州公益季》与同类型的两档节目对比可以发现，《我们在行动》邀请明星和企业助力农产品扩展销路，呈现方式偏纪实，缺少娱乐元素，对观众的吸引力不足；《奔跑吧·黄河篇》虽然融入了环保元素，但是依然以明星的竞技为主，公益内核和价值并未展现，与其他赛季节目差别不大。《极限挑战宝藏行·三区三州公益季》强调“综艺元素+公益内容”，明星互动和轻松元素服务于内容主题，娱乐性和公益性配合巧妙，因此获得了巨大成功。

总体而言，生态文明理念的传播不仅仅是一种传播模式，更是一种生活方式和生存哲学，在融合创新模式下，这些以助力生态文明建设为题材的电视节目，可以提高社会的环保意识和环保素质，形成绿色生产、绿色消费、绿色生活的社会氛围，从而推动社会的可持续发展。

第九章　生态纪录片的生态话语建构

党的十八大以来，我国从新的历史起点，做出“大力推进生态文明建设”战略决策，提出“人类命运共同体”理念。

2017年10月，党的十九大报告中指出“人与自然是生命共同体”；2021年4月，习近平主席以视频方式出席领导人气候峰会，呼吁国际社会“共同构建人与自然生命共同体”。[①]生态文明建设实践需要具备理论高度的生态话语进行引领。中国的生态观念根植于我国伟大的生态文明建设和“天人合一”的传统文化理念。中国在生态文明建设方面所取得的成就，为全球环境治理贡献了“中国方法”。在全球生态问题日益严峻和迫切的关口，生态文明建设的“中国答卷”理应被见证、被记录、被传播，这些声音也是对国内国外生态话语争论、西方生态话语文化霸权的最好回应。

2022年10月，习近平总书记在党的二十大报告中指出：“加快构建中国话语和中国叙事体系，讲好中国故事、传播好中国声音，展现可信、可爱、可敬的中国形象。加强国际传播能力建设，全面提升国际传播效能，形成同我国综合国力和国际地位相匹配的国际话语权。”[②]从

---

① 习近平. 论坚持人与自然和谐共生［M］. 北京：中央文献出版社，2022：274.

② 新华社. 习近平：高举中国特色社会主义伟大旗帜 为全面建设社会主义现代化国家而团结奋斗——在中国共产党第二十次全国代表大会上的报告［EB/OL］.（2022-10-25）. https://www.gov.cn/xinwen/2022-10/25/content_5721685.htm.

近些年的传播实践来看，我国国家媒体、社会媒体以及个人媒体共同努力，为传播生态理念、推广生态文明价值提供了较为突出的实践探索经验。从云南象群迁徙到熊猫“丫丫”回国，中国超越国界促进人与自然和谐共生、生态多样性保护的经典案例，有效消弭了跨文化传播中的外媒偏见，充分彰显中国在推动构建人与自然生命共同体方面的责任与担当。[①]

通过文献梳理发现，“生态话语”研究可以追溯到1962年出版的《寂静的春天》一书对于生态的关注，这一话语内涵也从关注“人与自然的二元统一关系”逐渐发展至关注“社会在人与自然之间的中介作用”。生态话语研究涵盖了“生存主义话语、环境难题解决话语、可持续性话语和绿色激进主义话语”以及“更注重政策实践和实际行动的生态现代化话语”，另外还被中国学者总结出党的十八大以后的“深绿生态话语体系和生态社会主义环境话语体系”等不同具体维度。何伟、程铭在《生态话语体系建构探讨》一文中认为，生态话语体系由生态话语原则、生态话语主体、生态话语内容和生态话语方式四要素构成。[②]其中，生态话语原则为“多元和谐，交互共生”。生态话语主体包括涵盖行政主体的主导者，涵盖学术主体、创作主体、传播主体的实践者，涵盖公众主体的接受者。生态话语内容包含自然生态话语和社会生态话语，其中生态文明话语是自然生态话语中的组成部分，其他还有生态发展话语、生态治理话语等；社会生态话语包含了“和合共赢”的发展话语、“持久和平”的外交话语等多种话语。生态话语方式包括组织方式、实践方式和接受方式。由此，生态话语逻辑从生态语言学角度下得到了较为系统、全面的梳理，可以为其他领域的研究提供路径支撑。

---

① 赵庆. 让中国生态文明话语和叙事体系融通中外［EB/OL］.（2023-05-31）. https://baijiahao.baidu.com/s?id=1767379013163078582&wfr=spider&for=pc.

② 何伟，程铭. 生态话语体系建构探讨［J］. 中国外语，2023，20（3）：48-55.

在生态话语体系中，传播主体是生态话语主体的重要组成部分，通过媒体的编码手法将生态话语想要传达的意涵递送至生态话语的接受者——公众主体。进入20世纪，全球文化经历了“图像转向”，随着新媒体技术的普及，当下我们的文化更是进入了“读图时代”和“短视频时代”。人们获取信息越发依赖于视频形式，商业逻辑渗入当代人的不同生活场景，演变成为“图像拜物教”[①]。正如鲍德里亚在《象征交换与死亡》中论述的，在超级真实的领域内，“仿真”与“真实”之间的界限毁于“内爆”，“真实界”与“想象界”也在相互作用中不断坍塌。其结果便是，真实与仿真带给人们的体验别无二致，而且仿真有时甚至比真实本身显得更加真实。超真实主义无处不在。

在纷繁复杂、图像“爆炸”的传播环境中，纪录片由其特殊的“直接索引”和“间接索引”特性所带来的真实质感[②]，成为当下图像信息“爆炸”环境中令受众有真实期待的影像文本。作为可信度较高的影像文本，纪录片对于记录时代生态故事、呈现当代生态价值、形塑受众生态观念具有不可替代的重要历史使命。

纪录片被称为“国家相册”，也是为受众提供世界图景、情感内容的视听文本载体。纪录片在运用国家话语传播中国故事的道路上有着举足轻重的作用，同时也因其纪实性和真实感，成为受众较为信赖的影像文本形态。正如比尔·尼科尔斯所言：“纪录片的主要力量，以及它对政府及资助机构的吸引力，在很大程度上依赖于，它具有通过选择、安排声音与图像的关系而将证据与情感结合起来的能力。”[③]

生态纪录片可以定义为“以人与自然关系的主题为统摄，呈现自然万象

① 周宪.“读图时代”的图文“战争”［J］.文学评论，2005（6）：136-144.

② 唐俊.直接与间接：关于纪录片“索引性”的争议与思考［J］.电影艺术，2023（2）：114-121.

③ 贾恺.纪录片到底是什么？从影像话语机制的生成视角出发［J］.电影艺术，2020（5）：77-83.

与物种百态，反映生态问题、传递生态观念的纪实影像作品”[①]。近年来，随着主流媒体主动布局、社会主体积极参与的创作态势涌现，生态纪录片从数量到质量上都有较大幅度增长。生态主题纪实作品在央视、各省级卫视等大众媒体中呈现，也出现在视频网站以及短视频平台当中，大众传媒平台践行着环境传播的建构性和引导性功能。综观生态纪录片创作实践，目前生态纪录片的发展表现为话语内容得到优化拓展、话语表达方式有所创新以及推动多元主体参与到生态纪录片的创作和传播中来。

第一节　生态纪录片的话语内容得到优化拓展

中国早期的生态纪录片创作，可以追溯到1963年的《长江行》，限于创作理念和历史条件，该作品主要展示自然风光，展示中国的大好河山。生态纪录片的创作难度大，具体体现为创作时间长、被拍摄对象可控性弱、涉及的拍摄范围大、对拍摄设备的要求高，因此长久以来，生态纪录片并不是一种主流的纪录片创作形态。

根据何苏六《中国电视纪录片史论》一书中对于中国电视纪录片的时期划分，中国的纪录片创作经历了政治化纪录片时期、人文化纪录片时期、平民化纪录片时期和社会化纪录片时期四个时期。政治化纪录片时期的纪录片作品，以国家话语为主要的话语方式，主体意识较为淡薄，放映环境混杂，传播效果也并不理想。进入人文化纪录片时期后，人文观念得以确立，“民族精神”作为主要的主题表达，群体化的话语占主导，《话说长江》《话说运河》《黄河》《藏北人家》《沙与海》等作品虽然涉及自然与人的相关主题，但是总体这一时期的纪录片作品是将自然界中的元素作为一种民族精神的物象化处理方式，或以景或以物寄

① 张雅清，朱斌.生生不息：中国生态纪录片研究热点述评（2012—2022）［J］.电影文学，2023（1）：52-59.

托群体维度的民族精神，对于生态总体的观照和个体与生态之间的联系并无过多探讨。进入平民化纪录片时期，中国纪录片作品的表达更加偏向于百姓意识和平民视角，镜头更多聚焦于“人”，作品走向个人化话语，淡化观念表达，纪实风格成为主导。进入社会化纪录片时期，纪录片作品开始走向多元表达，市场话语开始走进人们的视野。上述分类可以说明，纪录片的创作，与创作者所处时代有着密不可分的关系，编码者与解码者之间互为影响因素，当时的政治、经济、文化等话语也浸润在作品当中，使得纪录片文本成为一个话语争夺和复杂的混合性媒介文本。

2010年，国家广播电影电视总局出台《关于加快纪录片产业发展的若干意见》后，我国纪录片发展势头迅猛。2012年央视出品的《舌尖上的中国》一经播出便引发全民观看热潮，甚至当时业界有评论表示“纪录片的春天”要来了。在国家的大力支持下，纪录片佳作频出。在国家各个重大时间节点，都能看到纪录片的记录与书写，践行着“国家相册”的使命，记录当下、留存历史，同时积极参与主流话语的讨论，引导主流舆论走向。这些重要的国家事件和历史进程，也成为纪录片丰富的选题资源库。纪录片彰显着主流价值意义，各级电视台、各大网络视频平台也通过纪录片作品来传递主流价值观，增强了纪录片从业者的责任意识和使命感。

2012年11月，党的十八大将生态文明建设纳入中国特色社会主义事业“五位一体”总体布局，“中国共产党领导人民建设社会主义生态文明”写入党章。在国家推行这一重要的国家战略之时，对此政策的内涵、解读以及背景意义进行全方位的说明和引导，正是纪录片作为“镜子”“锤子”发挥作用的场域。《森林之歌》《大地寻梦》《美丽中国》《生态文明启示录》《青海·我们的国家公园》《自然的力量·大地生灵》《影响世界的中国植物》《家园　生态多样性的中国》《我们的动物邻居》《一路“象”北》等作品通过人与自然之间的故事，展示人类对生态的反思。这些作品，从以前将自然作为创作对象，到目前将人与自然之间的关系作为创作对象，叙事空间从原来的重自然空间、轻社会空间向自然空间与社会空间并重，创作的话语内容方面有较为广阔的拓展。这些作品注重将生态文明标识性概念、生态文明的阶段性成果以及世界生态难题的“中国方案”集中编码在纪实的媒介文本之中，并以真实可感的方式传递给中外受众。

一、集中建构生态文明标识性概念

（一）从“天人合一”概念到“共同体”概念：关系话语的变迁

早期的《长江行》《话说长江》《泰山》《黑土地》等作品的创作理念，更多的是将山川河流作为一种精神意象，将人们对于这些自然地标的情感，嫁接到包含这些物象的画面中来。早期的纪录片受制于技术原因和创作理念，更多体现为一种道德教化和凝聚认同的社会功能。这些作品将大江大河、高山土地作为表现对象，再配以情感饱满的画外音和“格里尔逊模式”的文本，无不体现着当时的时代特色。在那样一个亟待发展的年代，江河湖泊、大山大川，都与这些纪录片一起，化为观念之桥，嫁接起当下的生活与民族国家之间的美好想象，连接“我”与拥有着这般美丽风景的“国”之间的凝聚与认同。

2007年播出的《森林之歌》立足于人类与森林的关系，不仅展现森林与森林中的动植物信息，还包含了与森林有关的历史、文化、政治、经济等方方面面内容。第1集最后的落脚点就是保护环境成为人们的普遍共识，第2集着重强调了对“砍树”“种树”的态度，第3集提到海陆之间的森林有一种“和谐而微妙的生态链条”，等等，无不在传递着对人类行为和自然环境之间关系的解读与反思，避开人类中心主义视角，探讨人与自然之间的伦理关系。《森林之歌》中除了提供翔实的自然信息，还经常将植物、动物的生长过程类比人的生命过程，使得原本位于与我无关的“他者”位置的其他物种，通过情感带入的方式，产生了“我”或“我们”的共同体的距离拉近，从而让解码端的受众更容易产生共情和认同，进而能够换位思考，甚至达到环保动员的效果。

进入到21世纪后，《帝企鹅日记》《难以忽视的真相》《海豚湾》等西方国家的纪录片被译制到国内，中外也进行了合作拍摄交流，越来越多元的内容和创作手法被纳入生态纪录片的创作当中，不断丰富着生态纪录片的表意内涵。

近年来，《我们诞生在中国》《美丽中国》《生态秘境》等作品的相继问世，引发了大众的热议。观察近年来的生态纪录片，除了展现“天人合一”的传统思想，也从人与动物、人与自然形成“共同体”的角度，讲述个体视角下的人物、动物、植物故事，以情感化的叙事方式，获得受众认同。

（二）复现的六大原则：核心概念话语的强化

党的十八大以后，也就是在中国特色社会主义进入新时代的关键时期，中国共产党作出了一个重大战略决策：以生态文明为指引，实现人与自然和谐共存。2018年5月18日，在全国生态环境保护大会上，习近平总书记提出了新时代推进生态文明建设必须坚持的六大原则：一是坚持人与自然和谐共生；二是绿水青山就是金山银山；三是良好生态环境是最普惠的民生福祉；四是山水林田湖草是生命共同体；五是用最严格制度最严密法治保护生态环境；六是共谋全球生态文明建设。党的十九大报告中指出：“必须树立和践行绿水青山就是金山银山的理念，坚持节约资源和保护环境的基本国策，像对待生命一样对待生态环境，统筹山水林田湖草系统治理，实行最严格的生态环境保护制度，形成绿色发展方式和生活方式，坚定走生产发展、生活富裕、生态良好的文明发展道路，建设美丽中国，为人民创造良好生产生活环境，为全球生态安全作出贡献。”

近年来，一批以生态文明六大原则为核心主题概念进行创作的纪录片作品不断涌现。这些作品从不同角度，对生态文明建设的核心理念进行阐述和再现，以不同真实故事、不同地域、多元视角对这些概念进行讲述，不断强化受众对于这些概念的认知。

比如北京卫视拍摄的6集大型纪录片《绿水青山》，就是以这六大原则为主题，每一集对应一个主题，利用实地拍摄、人物探访和历史影像资料呈现的方式，讲述典型的人物事件以及他们背后的生态保护故事。

纪录片《绿水青山》从生态文明的角度探讨了人与自然的和谐共生。从红海滩、查干湖到三江源，展现了一幅幅绝美的生态文明画卷；从中国西南野生生物种质资源库、长江天鹅洲白鱀豚国家级自然保护区到隆宝国家级自然保护区，反映了我国近些年在生态文明建设方面取得的成就；从京津冀大气污染治理到库布齐沙漠绿化，提供了生态保护和环境治理方面的典型范例。

在历时近2个月的拍摄中，10多位主创人员的足迹遍及全国10多个省、自治区、直辖市，累计行程超过3万千米，拍摄了30多个独家人物故事，积累了100多个小时的素材，理论上进行充分论证，事例上进行大量实地探访。作为一部反映我国生态文明建设的纪实作品，《绿水青山》既客观记录了我国生态优先、绿色发展的成就，又深情讲述了各地历史人文、自然风物的特色；从中既可见到扶贫开发与生态保护相协调，又可见到脱贫致富与可持续发展相促进。

作为庆祝中华人民共和国成立70周年的献礼作品，该片在北京卫视推出后获得了良好的收视效果和强烈的社会反响，并荣获由国家广播电视总局评定的“2019年度国产纪录片及创作人才扶持项目优秀长片类”大奖。

同时，该团队还将纪录片作品转化成图书《绿水青山》。全书以纪录片撰稿词为主体，佐以大量实景照片，集结了全国生态文明建设的典型范例，同时探讨了如何在绿水青山之间擘画共同富裕的新篇章，非常适宜生态环境保护相关知识的持久传播及对大众环境保护意识的唤起，也能激励鼓舞更多人投身于自然环境保护，共同呵护绿水青山。

另外，《野性四季：珍稀野生动物在中国》跟踪拍摄东北虎、金丝猴、藏羚羊和亚洲象等珍稀野生动物，深度挖掘并展现多样化的生命之美；《黄河之歌》《大黄河》等纪录片分别从历史和生态的角度，去探察中华民族摇篮的今昔变化；《天时·中国自然密码》以中国远古的自然时序为题，呈现亘古不变的生态运行法则。这些纪录片作品，无不从核心的生态文明概念出发，让受众对生态文明有更加科学和全面的认识。有规划、有阶段的生态纪录片的不断推出，也证明纪录片是参与主流意识形态建构的重要媒介话语手段。

二、客观呈现生态文明阶段性成果

从“发展才是硬道理”到“科学发展观”，再到“生态文明建设”“五位一体总体布局”以及“美丽中国建设”，随着党中央执政理念的提升、国家发展战略的转移，媒体环境话语建构的内容也发生结构性转化，从提升环境保护意识的单一宣传，到新闻调查、舆论监督，再转化为关注生态文明建设中的环境参与、环境伦理、国家治理等问题，历经了从“浅绿”到“深绿”的发展，也体现了“政治场域”对内容生产的形塑与影响。[①]

纪录片具有的纪实美学风格和情理交融的叙事手法，都以生动形象的视听手段，为受众呈现出解决世界生态问题的中国方案和中国成果。在生态话语体系的建构中，纪录片作为重要力量参与到支撑生态话语体

① 王慧.环境危机传播中的媒体话语建构机制与生态监督研究［J］.东南传播，2023（5）：1-4.

系当中。

比如《武夷山·我们的国家公园》《山水间的家》《叶尔羌河》以及外宣纪录片《永远的行走：与中国相遇》等精品佳作，用纪实的语言真实、全面、立体地展示新时代中国生态文明的建设成就。这些作品通过一个个真实生态故事的讲述，塑造令人印象深刻的人物，呈现中国生态治理的成果，将中国生态文明理念巧妙融入这些真实的人与故事当中，加上合理的解说，能够将信息进行编码，从而在意义解码的过程中，更加有的放矢。

（一）国家生态政策成果合理融入

国内外纪录片流派众多，近些年纪录片的边界也随着理论和实践的不断深入而不断拓展。文艺作品是文艺思潮的汇聚，也是时代的镜子。我国纪录片的发展经历了不同的社会阶段，反映着不同历史时期的思想内涵。当下主流媒体中的生态纪录片，既有较为传统的主题式作品，也有偏向于纪实风格的作品，不同风格的作品遥相呼应、相得益彰，都为我国生态话语建设做出应有的贡献。

《生态文明启示录》已经播出两季，每一季都以我国的生态文明成果为脉络，阐述我国生态文明的理念。第一季共4集，分别为《历史的回望》《共同的家园》《增长的极限》《路径的选择》，从生态文明建设的内涵、意义、案例、路径等多方面，深入浅出地阐述了生态文明建设的历史、时代背景、重大现实意义及推进举措等，对宣传推动生态文明建设和绿色发展起到积极作用。第二季共5集，分别为《生态文明的保障》《绿色的发展》《企业的使命》《科技的力量》《共同的责任》，以生态文明建设为主线，通过鲜活生动的真实案例讲述，深度解读生态文明内涵，普及生态文明理念，提高全社会生态文明意识，探求人人参与生态文明建设的实践路径。

《生态文明启示录》是以主题阐释为主，故事服务于主题的作品类型。在此类作品中，将国家政策的合理性与重要意义进行视听编码是重要的传播任务，国家的生态政策话语，通过图片、文字、解说以及所对应的真实故事案例，形成论证性话语，从而系统、生动地传递国家层面的生态文明政策成果。

（二）全国践行生态文明理念成果的展示

生态文明理念的实施和推广，需要依靠社会中每一个主体来实现。生态文明话语的传递，也在很大程度上肩负着生态保护动员的重要作用。生态文明理念的实施并不是抽象的，它由一个又一个具体个人的践行组成。这些个体，既有国家专业机构的工作人员，也有各行各业的其他人员。纪录片展现了真正在实践这些生态文明理念的工作人员的故事，从感性的角度，体会他们所做的具体工作，从而感受到这些生态文明践行者所付出的努力以及他们的职业精神，继而宣扬践行生态文明理念的实际成果。

《望见山水——绿水青山生态兴》由国家林业和草原局及中央广播电视总台影视剧纪录片中心的优秀创作力量共同打造，在2023年8月15日中国首个“全国生态日”推出，涉及森林、土地、沙漠、草原、湿地和国家公园等内容。该片以生态自然、社会生活和林业工作三者的关系为主题，环顾亿万年自然演化历程、五千年中华文明发展史和近年来人们为维护生态发展做出的巨大努力。在该片中，每一集都出现了身体力行保护生态环境的工作者个体。历时4年，摄制组在黑龙江、吉林、辽宁、山西、陕西、内蒙古、宁夏、甘肃、新疆、西藏、云南、湖北、四川、江苏、海南、浙江、福建、贵州、重庆、上海、北京等超过20个省、自治区、直辖市留下足迹，将中国的生态系列进行了分类叙述与广泛扫描，为当下中国的生态发展留下了珍贵影像。

同时，该片也把生态自然、社会生活和林草工作进行了有机融合，从“人与自然”的关系出发进行叙述，展现了一个广阔鲜活又丰富多元的生态图景，从全球视角讲述中国方案、中国理念的智慧与先进。修缮古建并不简单，北京故宫里的金丝楠木，每一根都是“栋梁之材”，在修缮时需要一样的树种才能替换，这也催生了中国林业科学研究院研究员们的木材鉴定工作；云南西双版纳，亚洲象的命运与雨林生态保护息息相关；从满目荒凉到绿意盎然，黄土高原上治理水土流失的工作并非一日之功，而是几代人的苦心经营；新疆霍城县的牧民们逐水草而居，带着家当、赶着牛羊的转场是草原上一道特别的风景……望山见水，其背后是几代人践行绿色发展理念的丰硕成果。

该片中关于保护生态环境亲历者的叙述视角，基本从一线的科研人员展开，他们既是亲身践行生态保护的主体，又是具有科学背景的专业人士，通过他们的视角展开讲述，使得作品不仅生动，而且可信。从中国科学院南京地质古生物研究所研究员王军，到南京大学生命科学学院教授徐驰，无不以专业的角度为受众带来科学严谨的讲述，同时也能通过他们的工作场景了解具体的生态保护现状。纪录片通过对这些专业人士的人物形象塑造，刻画生态文明践行者的群像，让更多人感受到他们工作的科学性、紧迫性和复杂性，也激发受众提升自己的生态保护意识。

（三）生态修复成果的真实呈现

党的十八大以来，中国生态文明理念早已深入人心，生态保护意识已经成为全国上下的共识。在国家生态文明政策的不断深入推动下，中国生态环境的改善也是有目共睹的。近年来的生态纪录片从自然景观与社会景观的不同角度，呈现我国在贯彻生态文明理念后所取得的成就，以真实的故事、具象的视听呈现，为我国的生态文明实践交出一份影像“答卷”。

中国生物多样性保护系列片《共同的家园》共3集，讲述了中国积极践行生物多样性保护国际公约、致力于建设生态文明的生动故事，向世界展示中国生态环境保护贡献，推广中国生态治理经验，传播习近平生态文明思想。该片3集共90分钟，不仅呈现了野生稻原生境保护、长江禁渔、麋鹿野化放养、种质基因库等人类为了守护生物多样性而不懈努力的故事，还讲述了三江源高原狼、太行山华北豹、云南亚洲象、崇明岛东滩候鸟等人与动物相伴共利的故事，阐释我国生态保护与经济社会和谐并进的特色发展道路。纪录片客观展现了党的十八大以来，我国生物多样性保护事业步入快速发展的崭新阶段；同时也向世界展示中国环境保护的贡献，推广中国生态治理经验，传播习近平生态文明思想。

在《共同的家园》的每一集中，都会着力展现在中国科研工作者的积极努力下，很多濒危灭绝的动植物得以保护和繁衍的故事。这些生动的故事、翔实的案例，都让作品呈现出践行生态文明理念后，中国自然环境与社会环境的变化。这些变化，也印证着党的十八大以来关于生态保护理念的正确性与合理性。自然中的动植物、山川河流，也不再是被“凝视”的物，而是与我们共存、被人类保护并获得了更和谐关系的共同体。

三、讲述解决世界难题的“中国方案”故事

党的十八大以来，中国大力推进生态文明建设，保护和修复自然生态系统，在生态优先的理念下推进绿色发展。很多地方不仅重新变得山清水秀，而且还在绿水青山中找到了发展地方经济的新模式，打造了新产业，老百姓的生活也变得更富足。各地涌现出的一系列优秀范例，也为世界提供了生态保护和修复的中国经验、中国方案，受到了国际社会的赞誉。

2021年，作为人与自然和谐共生的成功范例，深圳红树林保护举措入选自然资源部和世界自然保护联盟（IUCN）联合发布的《基于自然的解决方案中国实践典型案例》。同时入选的还有官厅水库流域治理、

贺兰山生态保护修复、云南抚仙湖流域治理等9个生态修复项目。这些项目分布在中国东部、中部、西部等不同地区，涉及自然、农业、城市等多种生态系统类型，在生态修复的过程中，它们都采取了基于自然的、各具特色的保护修复措施。

通过在生态保护和修复工作中借鉴和运用基于自然的解决方案，也为践行习近平生态文明思想、“两山”理念、“人类命运共同体”理念提供了有效途径。

基于自然的解决方案高度契合习近平生态文明思想，符合中华民族的生态文化传统，在中国具有良好的实践舞台。近年来，中国在习近平生态文明思想的引领下，在生态保护与修复方面进行了深入探索，涌现出了一大批符合基于自然的保护方案理念的实践案例。

2020年，《全国重要生态系统保护和修复重大工程总体规划（2021—2035年）》（简称《规划》）发布，这是党的十九大后生态保护和修复领域的第一个综合性规划。《规划》提出了9项重大工程，包括青藏高原生态屏障区等7大区域生态保护和修复工程，以及自然保护地及野生动植物保护、生态保护和修复支撑体系等2项单项工程，形成全国重要生态系统保护和修复重大工程“1+N”的规划体系，囊括了山水林田湖草以及海洋等全部自然生态系统的保护和修复工作。

通过基于自然的生态保护和修复措施，衍生出基于自然的经济模式，“绿水青山”因此变成了“金山银山”。生态保护和修复是一个全球性的命题，而天人合一、人与自然和谐相处则是中国传承千年的古老哲学。习近平总书记反复强调，像保护眼睛一样保护生态环境，像对待生命一样对待生态环境。绿水青山就是金山银山，要统筹维护好山水林田湖草沙冰的生命共同体，保护好自然生态系统，基于自然，因地制宜，在生态优先的理念下创新生产方式，经济发展才可持续。中国在生态文明建设上的成功实践为人与自然和谐相处、建设美丽的地球家园提供了可资借鉴的中国方案，为“人类命运共同体”的建设增添了一抹绿色底色。生态纪录片也正是记录这些“中国方案”故事的最有力的载体。

（一）中国意蕴讲述“中国方案”故事

纪录片《望见山水——绿水青山生态兴》包含6个主题，呈现6种风貌。摄制组深入无人探访的原始秘境，每一帧都是用心雕刻的视觉奇观。采用动植物视角的镜头语言，营造人与动植物平等对话的空间，以诗意的方式，为受众展现了中国在环境保护、治理和发展当中的国家理念和大国担当。中国之大，不只“方圆”。方中有圆，圆中有方，方寸之间，尽显乾坤。万千镜像中的春夏秋冬，共同描绘千姿百态的山水中国。

《望见山水——绿水青山生态兴》以新颖的视听语言、精美的镜头画面，诗意地呈现了帧帧如画的“绿水青山”，带受众沉浸式感受生态变化与自然之美。为了拍摄到真实、原始的自然生态，近距离感受原始状态下的生命历程，摄制组深入新疆荒漠、藏北草原、云南密林等许多无人之境，捕捉到刚出生的蒙古野驴、成群的亚洲象、跳跃的金丝猴等野生动物的珍贵瞬间，为受众带来妙趣横生的探险之旅，使其感受到生生不息的自然之力。微距放大观察植物的脉络、细胞的变化，动态追踪动物们的矫健身姿，航拍视角下壮丽河山的震撼变化。制作上，该片采用高规格的电影镜头拍摄，使用运动控制（motion control）、延时摄影、造景摄影、无人机拍摄、微距拍摄等特殊拍摄手段，以及全球领先的卫星拍摄与数字后期结合技术，为受众带来帧帧超高清的国家地理大片。

在“超高颜值”之外，该片的视听语言也融入了大量创新元素。比如，特邀法国国际知名作曲家阿曼德·阿玛（Armand Amar）为该片打造独有原声音乐，融合中国传统器乐与独特的吟唱方式，带来空灵又具有东方特色的自然之声。画家夏克梁以天真烂漫的马克笔绘画方式，为片中出现的濒危动植物绘制了大量精美手稿，结合动画呈现出生机盎然的自然世界。“天圆地方”的中式美学理念和诗句也被融入画面中，成为影像叙事之间的特别“逗号”。

深入无人之境，走遍大江南北，无论是从人、动植物到生态系统逐一放大的广阔视角，还是古今、城乡、东西部等跨时空的对比视野，《望见山水——绿水青山生态兴》都架构起一个丰富的叙事空间，带领受众理解生态发展的多层含义。

（二）共同体视角讲述“中国方案”故事

如果说《望见山水——绿水青山生态兴》运用了大量的东方美学元素形成中国意蕴来讲述生态故事，那么《国家公园·万物共生之境》《米尔斯探秘生态中国》等作品则采用了国际化的视听语言，呈现中国的自然景观、动植物情况以及人文风俗。这些作品采用国际上较为流行的个人视角、小切口，呈现中国特有的自然风光和动植物故事。

由五洲传播中心制作的中英合拍纪录片《米尔斯探秘生态中国》，以中国生态文明建设为切入点，由英国生物学者雷·米尔斯担任主持人，以其对中国不同地区的秘境探寻为线索，将多地地貌、珍稀野生动植物、人文故事等串联起来，深度呈现中国的生态之美，展现源远流长的中华文化、可持续发展的生态价值理念和生态文明建设。[①]中外合拍纪录片以其国际化的叙事方式，在对外传播中占据独特优势，能将中国的生态故事进行国家化表达，让共同面临生态问题的其他国家受众看到中国的故事和中国应对生态问题的解决方案。

在创作的核心理念上，很多作品也从展现以“人”为中心，转化为“共同体”立场。如纪录片《自然的力量·大地生灵》极具趣味性地呈现人与自然生命共同体理念。该片展现在我国“定居”的野生动植物，大多置身于风景秀丽的自然环境中，体现了“生命共同体”的生态文化理念。片中没有对拍摄对象做任何评判与引导，而是在拍摄过程中，将偶然捕捉到的日常状态、人类与动物的共通情感，巧妙地附加在叙事

① 李玲惠，戴蔚.跨文化传播视角下生态纪录片《米尔斯探秘生态中国》的叙事策略［J］.视听，2022（9）：129-131.

中，为自然生命赋予平等的身份和情感。这些叙事手法让作品变得生动有趣，让受众获得共鸣与共情，向受众呈现出自然界至今不绝的伟力，能够进一步激发受众关注生物多样性、关注自然环境保护，也间接为自然环境保护发挥了潜移默化的作用，并着力展现保护生物多样性的“中国行动”，呈现推动构建人与自然生命共同体的“中国方案”。

第二节　生态纪录片的话语表达方式有所创新

生态纪录片的话语表达方式创新对于吸引受众、传递信息、引导思考、推动行动以及促进交流与合作都具有重要的必要性。通过创新的话语表达方式，可以使生态纪录片更好地发挥其宣传和教育作用，促进更多人参与到环保行动中来。综观近年来的中国纪录片，其整体的叙事策略已经越发注重对个体人物故事的挖掘，在纪录片的事实表达与情感表达之间有了较有效的联结，也更加注重从解码端考量受众的接受效果，同时利用多模态的话语编码方式来提升作品的可看性。

一、协调事实表达与情感表达增强说服力

中国生态纪录片目前在对受众的生态意识影响上主要有两种路径：一是诉诸事实表达的理性认同，二是诉诸情感表达的情感认同。[①]但是，近年来随着中国生态文明意识的深入发展以及“人类命运共同体”理念的提出，目前中国生态纪录片开始走向理性与情感的调和，不再是人类中心主义视角而是从自然中心主义视角切入，讲述人与动物命运共同体的故事，从而更好地形成受众与自然之间的情感认同。

---

① 张梓涵. 浅析生态纪录片对人与自然命运共同体的建构：以纪录片《我们的动物邻居》为例［J］. 电视研究，2020（5）：77-79.

综观近年来生态纪录片中的叙事手法，大多作品开始脱离20世纪制作“格里尔逊式”专题片的窠臼，开始选择运用个人角度彰显时代精神，纪实内容增多，故事化的叙事方式也更加常见，选择一个又一个为生态文明做出贡献的个人的故事，形成可记忆的情节，从而在受众脑海中形成认知结构中的记忆点。作品的故事化呈现，也是符合受众对于感性体验的诉求。人都是讲故事的动物，受众不喜欢接受说教，但是能够从一个个鲜活的故事中，解码出属于自己的意义。近年来，我国纪录片创作者越来越认识到在纪录片中讲故事的重要性，开始进行一系列有益的探索实践。《我的动物邻居》正是由一个个城市中热爱动物保护的人和动物之间的故事，共同建构出一幅在现代化大城市中人与动物和谐共存的动人图景。

以往的生态纪录片大多选择在野外拍摄，通过奇观性的画面、科学知识的普及和相关的人物及动物故事来形成叙事文本。但《我们的动物邻居》一反常规，从城市的野生动物视角切入，通过居住在北京的闹市区、园林、古城和郊野的30多种人类身边的野生动物的故事，展示野生动物与人类相似的生活日常和生命轨迹，建构人与自然命运共同体的生态意识。该片通过动物在城市里“打拼”“奋斗”“立足”的故事，让受众更容易引发共鸣从而产生情感认同。其中很多关于保护动物的人类个体故事的呈现，也能够让受众体会到人性的真善美，继而引发认同。片中还插入许多与科考、环保等相关的知识性内容，诉诸理性，又能从理性认同的角度，形成科学的知识传递。该片整体强调在人类居住地人与动物成为邻居这样一个场景，正是协调了理性认同和感性认同，继而向命运共同体的角度延伸，通过叙事话语展现出我国生态意识以及对受众进行一定的生态保护动员。

二、考量受众接受提升译介能力

生态文明纪录片在议程设置上具有传播优势。作为传播学中的代表性理论之一，议程设置理论由美国学者麦克斯威尔·麦克姆斯和唐纳德·肖于20世纪70年代正式提出。其核心观点是，大众媒体通过反复报道某些新闻，持续不断地强化某些话题在受众心目中的重要程度。这种效果虽然发生于最初的信息传播阶段，却有可能将影响延伸至后续的态度和行为阶段，并造成累积的、长期的影响。[①]

不同国家和地区的媒体，会基于社会意识、立场态度等对媒体议程进行设置和筛选。生态这一议题，不管是对于国外还是国内的传播，都具有传播的正当性和时效性。一方面，生态危机是全世界共同关注的人类需要面对的困境，那么生态纪录片在全世界范围内，都能够通过对中国当下生态保护和修复努力的真实书写，看到中国对于传播生态文明理念的决心和中国解决生态问题的方法。另一方面，当下受众的文化水平和媒介素养越来越高，受众对于集自然景观和人文关怀于一身的生态题材的纪录片作品也有极大的需求。因此生态文明题材的纪实作品，在各级媒体的议程中都占有优势地位。

随着人类科技的发展，国际国内生态问题日益严峻，解决生态问题已经成为全世界各个国家的共识性议题，面对海内外受众，生态文明的国际传播具有天然的认同优势。生态文明的国际传播涉及相关理念的扩散、运动和认同，具有跨国界、跨政体、跨文化、跨语言的特点。我国生态纪录片的国际传播，是跨文化传播中的重要组成部分。纪录片具有知识性、故事性等特点，国际受众对它的接受比电影、电视剧等形式相对容易，但是在叙事话语的语态方面，国内传播和国际传播的纪录片话语形态应做出相应调整。

综观《蓝色星球》《人类星球》《地球脉动》等国际传播效果良好的作品，都是善于考量受众的接受，从个体故事出发，将自然知识、环保经验融于故事的讲述中，往往从个人体验的角度进行带入式、沉浸式的

---

① 张国良. 传播学原理［M］. 3版. 上海：复旦大学出版社，2021：313-314.

讲述，使作品更具感染力。另外，从纪实影像的大范围来看，除了主流媒体平台，新媒体渠道以及其他影视节目形式的相互打通、搭建生态文明国际传播的全媒体矩阵也非常重要。上海电视台纪录片中心出品的纪录片《永远的行走：与中国相遇》，作品主人公保罗·萨洛佩科在中国行走期间，在“美国国家地理”“萨洛佩科”等14个海外社交媒体账号上同步发布徒步时的所见所闻，发出900多条推文，触达数亿海外用户，提高了对外传播的实效。中国主要纪录片制作商中，大部分都已经在海外平台开设了账户。以YouTube（优兔）平台为例，在主要纪录片频道中，入驻最早的是中央电视台纪录频道，它也是目前订阅数与观看数最高的频道。北京广播电视台纪录片频道的入驻时间也相对较早（2014年），但是其总订阅数与观看数却并未处于领先地位。其他主要纪录片制作商入驻YouTube平台的时间普遍在2020年以后。专业数据网站“播放板”（Playboard）的数据显示，新媒体纪录片平台如腾讯视频纪录片、优酷纪录片频道的订阅与观看数总量均领先于同期入驻的其他纪录片频道，这可能与互联网纪录片平台更善于线上平台账号的运营有关，其上传的视频也更加迎合移动化、碎片化的用户观影需求，为频道用户基数的扩张奠定了基础。在非新媒体平台账户中，近年来，上海广播电视台纪实人文频道官方YouTube账号的运营表现最好，不仅订阅数与观看数领先，从2023年新增订阅和新增观看数来看，也是增长最快的频道。上海广播电视台纪实人文频道官方账号的运营主体——上海广播电视台纪录片中心还建立起“Doculife”国际传播新媒体矩阵，与官方频道互补，针对海外不同圈层受众进行定制化内容推送，优化传播效果。[①]

综合看来，中国生态纪录片的传播，需要找到创新生态文明传播的渠道和方式，借助融通中外的概念表达，提升中国生态文明话语体系的国际影响力，为全球生态环境治理贡献中国智慧。同时，在受众端应考

① 马绍之. 影像中国丨中国纪录片海外传播报告［EB/OL］.（2023-06-21）. https://baijiahao.baidu.com/s?id=1769284411440320097&wfr=spider&for=pc.

虑国际受众的接受习惯，贴近海外受众需求，努力圈粉海外“Z世代”，读懂他们的信息消费观，调整策略，开展生态文明国际传播。

第三节　推动多元主体参与：多元话语的共建

我国生态纪录片的内容，从不同角度来展现我国生态的历史、现状、危机以及国家和人民的应对方式。在生态纪录片的制作和传播过程中，存在着多种话语的角力。从创作主体角度来划分，有国家层面的主流媒体，有网络视频平台，有民营机构或个人创作者，另外还有一些环保组织或机构。这些创作主体从各自的话语立场来呈现不同的生态故事，同时也存在多元话语的较量和融合。

一、主流媒体生态纪录片话语引领文化领导权

学者吴畅畅在《电视综艺“讲好中国故事”与重建青少年文化领导权的可能》一文中批评了我国一些省级媒体在市场经济大潮中制作的综艺节目以及视频网站中的一些综艺节目存在“普遍的庸俗和蔓延的一致性”的状态，从而消解了社会主义文艺形态中原本嵌入的“情感动员”作用。[①]综观当下的电视场域和互联网场域，消费主义话语通过娱乐的形式充斥在不同节目形态当中，主流媒体对于文化话语权的争夺迫在眉睫。生态纪录片的传播，涉及多主体共同传播的情境，其中主流媒体作为传播主力，对于文化场域具有重要的引导和规范作用。主流媒体近年来的努力，使得更多的大众媒介受众看到我国生态环境面临的问题以及中国治理环境的决心。这些作品也主要围绕生态文明的不同内涵去进行

① 吴畅畅.电视综艺“讲好中国故事”与重建青少年文化领导权的可能[J].东方学刊，2021（4）：103-115，127.

挖掘，通过不同视角的故事和不同维度的展现，立体呈现出当下中国在生态文明建设中的困难和成绩。同时，这些纪录片也通过叙事建立话语主体，进一步起到认同和动员的作用。

（一）生态文明表达角度的挖掘

生态纪录片的表达和叙事，也是中国生态文明叙事的重要组成部分。随着传播环境和媒介的发展，主流媒体的生态纪录片，近年来逐渐摆脱曾经的宣传片模式，开始逐渐探索新的叙事方式。

从内容层面看，讨论“两山”理念、“美丽中国”理念、“共同体”等概念的作品已经深入人心，对“双碳”议题的呈现也在不断增加。《青海·我们的国家公园》《山水间的家》《武夷山·我们的国家公园》《自然的力量·大地生灵》《野性四季：珍稀野生动物在中国》《美丽中国》《影响世界的中国植物》《蔚蓝之境》《花开中国》《望见山水——绿水青山生态兴》《生态秘境》《零碳之路》等一系列作品，无不在以真实生动的故事，讲述着中国践行生态文明理念的成果和决心。

在《永远的行走：与中国相遇》中，主人公保罗·萨洛佩科讲述了他对中国的了解：由于中国生态文明政策的推行和中国治理环境保护环境的决心，中国的生态环境有了大幅度的改善。这些观点从西方视角进行呈现，使得作品在国内外的传播度提升。在地大物博的中国，生态文明实践有着许多值得讲述的故事，但是如何将故事讲好，在国内外形成话语优势，是媒体人共同的课题。

根据刘夏对《中国日报》智库版中关于中国生态文明叙事的分析，中国生态文明叙事路径目前存在六种常见的形态，包含“外嘴”“外脑”发声、国际组织和NGO“第三方”讲述、让事实和案例说话、数据的力量、议程设置有效对标、增进环境感知并唤起共情。[①]其总结的这六种

① 刘夏.中国生态文明叙事路径思考：《中国日报》智库版的实践［J］.中国记者，2023（10）：27-29.

叙事路径虽然是针对《中国日报》进行的，但在生态纪录片中，这些路径也都适用。前文提到的《永远的行走：与中国相遇》正是以普利策新闻奖获奖人、美籍知名徒步旅行家、作家保罗·萨洛佩科的视角，呈现中国的生态文明成果。以保罗·萨洛佩科徒步穿越中国的行程为主轴，通过他的徒步行走和独特观察向世界展现可信、可爱、可敬的中国形象。纪录片第一季前三集《起步》《伙伴》《遇见》已登陆东方卫视和上海广播电视台纪实人文频道，同时面向美国国家地理频道覆盖的全球170多个国家和地区的数亿家庭播出。

2013年1月，保罗·萨洛佩科从非洲埃塞俄比亚启程，开始了他的全球徒步之旅。他计划用十几年的时间，沿着人类祖先探索世界的足迹，穿越四大洲，一直步行至南美洲的火地岛。2021年9月，保罗在云南开启了他在中国的徒步之旅，足迹遍布云南、四川、陕西、山西、河北、内蒙古、北京、辽宁、吉林、黑龙江，直至中俄边境。该片通过对保罗·萨洛佩科徒步过程的跟踪拍摄，以及他对路途中遇到的人、景、物的感受采访，呈现一个外国人对中国的认识。

这样的作品，对于国内受众来说，是为他们提供了一种跨越不同文化的崭新视角。它使国内公众能够接触到多元的文化元素和观念，从而拓宽视野，以新的角度审视自身所处的文化环境以及生态理念。对于国际受众而言，该作品则有效地提升了中国的公信力和认可度。它向世界展示了中国在生态保护等方面的努力与成就，使全球受众能够从人类命运共同体的视角来看待中国的生态理念。这意味着中国的生态理念具有普适性和前瞻性，在全球化的时代背景下，各国相互依存，共同面临生态问题。中国的生态理念为解决全球生态问题提供了有益的思路和借鉴，有助于推动全球共同努力，实现可持续发展。

除此之外，《我们的动物邻居》中出现的北京猛禽救助中心，正是以专业“第三方”的视角来呈现猛禽被救助的故事。所有生态纪录片中一定会出现事实和案例，《自然的力量·大地生灵》第1集开场就用数据和知识性信息呈现出中国野生动物的基本情况。纪录片《零碳之路》在碳达峰碳中和重大宣示三周年这一节点推出。国际摄影师肖恩和自然保护倡导者唐瑞为深入了解中国绿色低碳发展的实践与成效，走访中国多地，与那些争分夺秒地为实现碳中和这个巨大挑战寻找解决方案的人会面。其中，有在海拔4000米的青藏高原为地球“测体温”的气象观测员；有在库布齐沙漠坚持治沙，创造绿色奇迹的牧民；有采用二氧化碳捕集与利用技术的水泥厂厂长以及受益于碳普惠平台的抚州市民；等等。一个个普通中国人的故事，共同勾勒出中国为实现绿色低碳发展克服的巨大困难、付出的巨大努力和贡献的中国智慧。

这些作品探索出的生态文明叙事路径，已经开始形成微观、中观和宏观不同维度的话语方阵，在对内对外的传播实践中，发挥着自己的生态文明话语作用。

（二）话语主体的身份建构

话语主体指的是话语的言说者，即话语信息的传播者。在主流媒体的生态纪录片的传播中，根据媒体中的话语实践，从语用角度呈现出“信息传递者”“舆论引导者”“行动号召者”这样三重维度的身份建构。

首先是“信息传递者”身份。纪录片被视为一种重要的信息传递中介，其主要原因在于它能够提供深入、详尽和真实的信息，从而帮助受众更好地理解和认识世界。从本体论而言，纪录片经常通过拍摄和展示真实事件、人物、文化、社会现象等，为受众提供第一手资料。这些资料可能无法通过其他媒体形式获取，或者至少不如纪录片所呈现的那样生动和直接。纪录片往往比新闻或娱乐节目更深入地探讨某个主题。它不仅展示事件的表面现象，还经常挖掘背后的故事、原因和影响，从而为受众提供更深入的理解。纪录片通常不只传递信息，还旨在引发受众的思考和反思。通过展示不同观点、事件背后的复杂性或社会问题的多个层面，纪录片鼓励受众形成自己的观点，并对其所呈现的主题进行深入思考。纪录片经常被用作教育工具，帮助受众了解历史、文化、科学或其他复杂主题。它们为人们提供了宝贵的学习资源，帮助人们拓展知识视野。

其次是“舆论引导者”身份。纪录片常常通过呈现真实的事件、人物和文化现象，为观众提供事实依据。这些事实可能对公众舆论产生影响，因为它们帮助人们形成对于某些事件或主题的看法。另外，纪录片经常包含对于特定价值观的呈现和解读。通过展示正面或负面的社会现象，纪录片可以影响观众对于某些行为和价值观的看法。纪录片通过真实感人的故事，激发观众的情感。当观众对某个主题或事件产生强烈的情感反应时，他们更有可能在社交媒体上分享和讨论这些内容，从而影响更多人的观点。纪录片通常由权威媒体或制作机构制作，因此具有较高的权威性和公信力。观众往往更倾向于相信纪录片所呈现的事实和观点，这使得纪录片成为舆论引导的重要工具。纪录片可以通过电视、电影、网络等多种渠道传播，覆盖广泛的观众群体，这使得纪录片的舆论影响力得以提升，能够在社会中产生深远影响。

最后是“行动号召者”身份。生态纪录片特别强调环境保护和可持续发展的重要性，通过揭示环境问题和生态危机，可以有效地号召观众采取行动来保护地球和自然。生态纪录片将镜头对准自然环境和生物多样性，揭示环境问题和生态危机。通过呈现这些问题，生态纪录片引发观众对环境问题的关注和反思。观众可能会意识到自己对环境的破坏性行为，进而产生改变行为的意愿。生态纪录片常常倡导可持续的生活方式，包括减少碳排放、节约资源、保护生物多样性等。它们为观众提供了改变行为的思路和方向，鼓励观众采取行动来减少对环境的负面影响。生态纪录片不仅揭示问题，还经常提供解决方案和环保知识，可能包括环保技能、废物分类、节能减排等方面的信息，帮助观众将理论知识转化为实际行动。生态纪录片通过呈现积极的环保行动和社区参与，激励观众参与到环保活动中。这些活动可能包括植树造林、垃圾分类、参与环保组织等，从而将观众的意愿转化为实际行动。生态纪录片强调每个公民在环境保护中的责任和作用。通过呈现每个个体的行动如何产生积极的影响，纪录片增强观众的公民责任感，鼓励他们积极参与到环保行动中。

二、民间媒体生态纪录片话语呈现底层关注与批判

（一）个体视角的情感呈现

20世纪90年代以来的新纪录片运动和2006年在云南举办的首届“中国·玉溪国际环保纪录片周”使得我国的纪录片领域出现了一批独立制作人，他们的作品重点关注那些被主流声音和普通大众所忽视的群体，表达他们对于生态现状的个人感受。20世纪90年代的自然生态类纪录片更多展示的是工业文明的发展对自然造成的伤害以及对以自然资源为依靠的农民和山民的生活的冲击，比如《沙与海》讲述了分别在沙漠和海边居住的两家人，通过对两种截然不同的地理环境下两家人生活方式的描绘，向受众呈现出人与自然的抗争与和谐相处。

《最后的山神》讲述了以山为神、以林为灵的鄂伦春族的生活。当他们传统的最后一棵画有山神的树被砍伐倒下之后，其族人内心的不安与焦虑，让受众不禁反思现代工业入侵自然后对人内心世界造成的影响。近20年来，中国进入了工业化的快速发展期，自然生态类纪录片将镜头转向工业发展所带来的一系列危害自然和人体健康的令人触目惊心和心痛的真实场景，对不可再生资源的过度消耗、工业排放引发的污染、人类过度砍伐放牧和种植引发的土壤退化和土地荒漠化以及臭气熏天的工业和生活垃圾等成为创作者抨击的重点。

2023年，由知名媒体人周轶君与任长箴共同执导的纪录片《碳路森林》在优酷、哔哩哔哩等平台正式播出。《碳路森林》聚焦环境保护

议题，透过镜头带领观众走进荒芜的沙漠、干旱的丘陵、受伤的原始森林、滇金丝猴隐秘的家。镜头记录下山西种植队在鱼鳞坑中“保墒”造林、内蒙古治沙人在沙丘布下沙障、云南种树人在修复生态廊道、四川巡护员借由红外相机观测森林中生命的活动。

上述作品皆从个体视角出发，以个人命运面临的严峻问题来呈现处于大时代中的生态问题思考以及个体情感。个体情感的展现方式更易于引发受众的共情，进而形成环保动员。从个体视角切入可使作品与受众的生活经验更为贴近，让受众能够切实感受到生态问题对个人生活产生的影响。通过呈现个体在生态问题面前的挣扎与抉择，作品能够激发受众的情感共鸣，促使他们对生态问题的重要性进行更深入的思考，并积极投身于环保行动之中。

（二）工业文明的视听反思

生态纪录片作为对工业文明的视听反思，通过真实的影像记录和对生态环境问题的揭示，向观众呈现了人类对自然环境的破坏和生态危机的现状。这些纪录片不仅展示了人类对自然的依赖和破坏，也揭示了人类对自然环境的责任和义务。它们呼吁人们重新审视工业文明的发展模式，采取行动保护生态环境，实现可持续发展。

《碳路森林》的开头画面里，周轶君站在一座一望无际的垃圾山上，翻开垃圾山表面的黑色覆盖膜，看到饮料瓶子、外卖餐盒。她说：“这个地方旁边紧邻的就是东海，这些垃圾如果不能及时被处理掉的话，它还会变高、变大，向海洋、向我们的城市侵蚀。”这个场景令许多受众产生了强烈的视听震撼。周轶君以记者特有的现场式的观察和介绍，直接将“垃圾山”的影像呈现在受众面前，造成极为震撼的视觉效果，也使被垃圾包围的“恐惧感”更加具象化。

纪录片除了拥有记录再现功能，还拥有强大的理性说服作用。从纪录片结构到镜头的构图，在真实的视听体验下，也有深层的思考流动。纪录片需要再现世界，同时也要有反思，这样的作品才能有深度、有价值。在生态纪录片中，作品往往从当下的生态问题出发，寻找问题的源头，回顾历史，呈现当下。对于当下的反思，生态纪录片不应该只“破”不“立”，而应该从反思的根源再延续到治理生态问题的办法。《碳路森林》提供了较好的范例，它呈现了科学家、环保工作者都是怎么做的，比如利用卫星记录下沙漠中植被的变化，其作用不仅是展示生态修复的成就，更重要的是提供了新的监测评估方式，帮助更好地开展生态保护与修复工作；它呈现了我们国家在过去的40年里，种下了超过660亿棵树，让无数曾因历史上人类的农牧与居住而退化的土地重新覆盖上植被，阻止了世界气候的进一步恶化。2017年，塞罕坝林场的建设者获得了联合国环保最高荣誉——“地球卫士奖”。它还呈现了作为普通人，如何才能助力减少碳排放，比如骑自行车出行、通过公益机构捐赠植树等方式。《碳路森林》从问题是什么、为什么和怎么做的基础逻辑出发，利用周轶君的媒体人身份对受众发出召唤，让更多人从自己的身边做起，成为生态保护的一分子。从这一维度上看，生态纪录片的价值能够得到较为彻底的彰显。

第四节　个案分析：《我们的动物邻居》

2019年10月，纪录片《我们的动物邻居》在中央广播电视总台首播，该片共4集，通过居住在北京闹市、园林、古城和郊野的30多种陪伴人类生活的野生动物的故事，展示了野生动物与人类高度相似的生活日常和生命轨迹，启发人们对人类、动物、自然与城市和谐发展的思考，也为新时代生态纪录片建构人与自然命运共同体创新了思路与方法。

一、“共同体”的关键概念话语建构

在《我们的动物邻居》出现之前，《森林之歌》《美丽中国》《我们诞生在中国》《第三极》等生态纪录片大多将镜头对准有特色的自然景观，只针对城市进行拍摄的作品非常少，这是此作品选题上的一大亮点和创新点。

相较于自然环境，在城市的环境中呈现人与动物之间的关系，更加彰显人与动物之间的“共同体”话语合理性。《我们的动物邻居》突破常规，将野生动物与现代都市相连，把视点放在城市这个人与自然关系最紧密的共同空间里，关注其中被人们忽视的生命，重建人与自然联系的认知，拉近人与自然的距离。“长久陪伴，还在我们身边，不离不弃不远不近。”“从未有一只鸟和一座城市的命运被连接得如此紧密，因为它们有着共同的名字——北京。”在北京的闹市、园林、古城与郊野，这些人们每天生活穿梭的空间内，人们举目可见的摩天楼、拥堵的立交桥、窗外的树枝、喧闹的胡同、脚下的灌木丛、日常休闲的公园中，人与动物及自然的故事每天都在精彩上演。通过野生动物与人和城市之间“共处、共融、共生”的空间建构，强化“我身处自然”“我与动物共享自然”“我能影响自然”的感知，以家的概念定义野生动物与人共同生活的城市，这种空间的接近性、可感性使受众更易认同片中传递的生态命运共同体理念，完成人与自然共享城市的价值传递，启发人们的环保意识，思考更为合理的城市发展之路，引导受众实现“认知—行动”的影响过程。

二、人与自然命运相似的故事讲述

中国生态纪录片目前在对受众的生态意识影响上主要有两条路径：

一是理性认同，通过对自然环境危机的客观呈现，使受众形成理性认知，提升生态道德、生态危机、生态参与、生态责任意识；二是情感认同，以人类中心主义视角，通过对人类与自然的故事讲述，呈现人对自然环境的依赖与情怀，使受众重新认识和审视人在地球生态系统中的位置，实现从情感认同到理性反思的命运共同体的理念认同。前者如纪录片《红线》，以水、大气等与人类紧密相关的资源的安全作为主要内容，对存在的问题进行理性、全面的剖析与反思，使受众对环境保护产生理性认同，以此倡导人们选择符合生态文明建设要求的生产方式和消费方式。而后者如《守望》，讲述普通人与自然相生相守的故事，从情感上唤起大家保护家园的意识。《我们的动物邻居》既非危机呈现，也非以人类为中心，而是以自然中心主义的视角展开命运共同体故事的讲述，用生活在同一座城市的人与动物命运的相似性，讲述动物们在城市"打拼""奋斗""立足"的故事，达到人与自然命运共同体的情感认同。例如，为了和2000万生活在北京的人一样在城市中赢得一席之地，摩天楼顶的红隼、城楼和胡同屋檐下的雨燕、CBD 绿地里的刺猬等野生动物拼尽全力，只要有一线生机就不轻言放弃。像普通夫妇一样，红隼、刺猬、凤头鸊鷉、绿头鸭等野生动物都要经历恋爱、结婚、筑巢、生子、养娃的过程，恋爱的甜蜜、"买房"的艰辛、生子的苦痛和养娃的烦恼与人类所要经历的人生阶段和情感高度一致。动物各自求生的传奇故事、人与动物亲密接触的感人瞬间，这种命运的相似性书写和关联、与人类共同的情感段落消解了人与自然之间的隔阂，强化了"邻居"的概念，拉近了受众与动物和自然之间的距离，使受众产生高度的感性认识，完成对"共享自然之美、生命之美、生活之美"的命运共同体理念的情感认同。

三、人与自然命运共同体的诗意呈现与个体角度的情感呈现

中国生态纪录片目前创作的角度大概可分为两个维度：对非生态

行为的直接批判与反思、对人类家园的诗意栖居理念的认同。前者用影像对人类中心主义导致的生态困境进行直接批判，激发人们反思自身的消费行为和人类文明发展存在的弊病。《我们的动物邻居》通过诗意与温情的视觉呈现，用影像语言激励人们自发地觉醒，达到“非大胆直接批判”的理念传递和受众反思效果。片中大量展现勃勃生机的正能量画面：清晨初升的暖阳、日暮下橘色的城市、华灯溢彩的夜景、晨露下的青翠……人与动物同呼吸、共命运的充满温情和生命气息的空间就这样被勾勒出来。红隼夫妇在日暮下的依偎、鸳鸯情侣在水中的浪漫舞蹈、凤头鸊鷉夫妇带着孩子在水中的嬉戏、松鼠母亲为养活胎儿的坚强……这些温情的、诗意的生活画面共同构成了一份让人“不忍破坏的美好”。然而，就在这种一切看似和谐美好的背后，是野生动物们拼尽全力的求生欲望和努力以及对人类的退让。温情诗意的视觉呈现减弱了对人类非生态行为批判的锋芒，使受众认识到人类以牺牲环境为代价享受文明发展带来成就的同时，也为命运共同体下的其他生命带来了伤害。受众通过这种“柔性的批判”实现生态意识与责任的自主觉醒，以及人与自然命运共同体的关系建构。

四、生态共建参与的主体行动和意识强化

生态纪录片作为国家生态环境发展理念的呈现，用亲民的方式阐释和传递生态哲学观念，通过视听体验提升受众的生态审美，进而将生态道德、生态责任内化，从而落实到生态共建参与的实践中。而作为生态文明实践的主体——人，在命运共同体参与者角色配置中多用主动化策略和平民化的拍摄视点来看待人的生态共建参与实践行为。《我们的动物邻居》用贴近民众的视角展现普通人保护野生动物的行为，除了能够拉近受众与自然保护行为的距离，同时也表现了这些普通人作为人类命运共同体一员的责任、担当和使命。普通的北京市民曲喜圣在公司濒临

破产之时因看到在什刹海上空飞翔的绿头鸭而重拾希望，从此开始了对绿头鸭十八年如一日的照顾；中学生李果为了给鸳鸯繁衍小生命建造合适的巢而做了诸多研究和努力，发动家人和同学共同投身到保护鸳鸯的行动中；北京市民李翔因为有相似漂泊经历的红隼一家入住空调机位而暂缓了空调的安装计划；胡同的改造施工因一窝小燕子而暂停，这窝燕子的成长牵动着街坊邻居们的心……片中，人不是主角，但一直与野生动物同在，人作为命运共同体的主体一直在行动。另外，通过和片中的普通人共同参与、见证野生动物的“北漂”生活，在影像的共处下理解野生动物“面对谋生的压力、养育的责任，面对生老病死，面对一切不想面对也无法逃避的命运，它们比我们更艰难”，使受众产生情感共鸣，促进受众主体行动意识的强化。

第十章　生态纪录片的视觉修辞分析

修辞学的历史可以追溯到古希腊时期，当时的修辞学是一个知识分支，主要研究符号的使用问题。亚里士多德的著作《修辞学》被公认为西方修辞学的奠基之作，其将修辞界定为“一种能在任何问题上找到可能的说服方式的功能”[①]。古希腊时期的修辞学致力于解决演说这一传播实践中的“说服策略”问题。上一章对生态纪录片中的话语建构进行了分析，如果说话语意味着致力于使现实合法化的陈述体系，那么在传统修辞学视野中，修辞便是这套陈述体系得以运行的规则和方法。传统修辞学的关注对象是语言实践，而在20世纪60年代兴起的新修辞学则开始关注包括视觉实践在内的所有人类象征性互动。随着广告、电影、电视等视觉化的大众媒介的兴起，消费主义与大众媒介共谋共生，继而使得“视觉文化”大行当道。

作为一种非虚构的视觉媒介，生态纪录片通过视觉图像建构生态问题，塑造人们对生态的认知和态度。[②]生态纪录片作为纪录片的组成部分，它不是对现实生活的简单再现，而是创作者通过影像这样一种形式进行意义表达的“书写”，同时，创作者使用的表意符号是影像媒介符号。本章基于视觉修辞学中古典修辞学范式和新修辞学范式的部分相关

① 亚里士多德. 修辞学［M］. 罗念生，译. 上海：上海世纪出版集团，2006：23.

② 岳小玲. 生态纪录片的视觉修辞变迁［J］. 电影新作，2021（4）：93-98.

理论，对生态纪录片的视觉修辞实践进行分析，旨在探索总结生态纪录片视觉修辞可以达成的编码策略。

第一节　生态纪录片中的说服策略

古希腊修辞思想的代表作品《献给赫伦尼厄斯的修辞学》提出了修辞命题中经典的“五艺说”，即发明、谋篇、文体、发表和记忆五个方面分别对应着古代演说（公共演讲）论据的建构、材料的安排、语言的选择、讲演的技巧和信息的保存这五个角度。[①]中西方对于修辞的理解有较大不同，中国传统的修辞研究更多聚焦于修辞风格问题，针对语言的“美”进行辞格和风格方面的探讨。而西方的古典修辞学主要研究“劝服”问题，针对的是典礼演说、政治演说和诉讼演说等不同的实践场景。

劝服性话语以一种让人感觉不到的方式影响他人，其主要策略就是通过象征权力即符号权力发挥作用。象征权力是一种经过修饰后被合法化的权力形式。综观当下的大众传播和网络传播视觉实践，商业广告和商业公共在视觉修辞上通过符号权力进行消费主义观念建构的行为比比皆是，但受众却认为这些被影响了的态度、情感和行为本应如此。同时，政治宣传、社会动员等领域在视觉传播方面的新实践，也在不断印证着修辞的“劝服观”的生命力。本节将从古典修辞理论视角下“五艺说”的五个方面，对生态纪录片的视觉修辞策略进行分析。

一、生态纪录片的视觉话语建构

“五艺说”中的修辞发明，一直是古典修辞学中的首要研究问题。

① 刘涛. 视觉修辞学［M］. 北京：北京大学出版社，2021：352.

修辞发明指的是修辞者针对具体修辞情景和任务进行构思和立意。[①]不同于语言修辞的发明实践，视觉修辞发明的符号形式是图像，强调在图像维度上制造议题、建构争议及生产框架。[②]在视觉传播实践中，修辞发明直接关乎视觉话语的建构。生态纪录片的视觉修辞发明关涉到众多内容，主要体现为生态议题发明、生态争议发明和生态框架发明三个方面。

（一）生态议题发明

生态议题发明即有目的地制造生态话题，使其成为社会关注的焦点。随着传播理念的成熟和纪录片越发受到受众的喜爱，传播平台越来越重视纪录片的宣发，宣发意识能有效推动议程设置，为生态议题发明起到关键作用。

《航拍中国》已经成为国内引发受众广泛关注的纪录片，其第四季播出时，央视多频道互动宣发，助力作品成为焦点议题。该作品在中央广播电视总台央视综合频道播出，当天的《新闻联播》就对其进行了预告。《新闻联播》作为大众传播平台中的龙头节目，受众之广和影响之大，都为《航拍中国》的第四季宣发起到了重要的话题引导作用。两天后，央视纪录频道也开始播出该作品，同时在央视综艺频道也会不定期插播，不同频道间的互动，让受众持续关注该作品。

除此之外，融媒体平台也持续为该片造势。央视频App专门开辟“航拍中国”专栏，通过新媒体平台的互动性打造传播矩阵，制造参与性话题，让更多新媒体的“小屏用户”关注该纪录片。除了央视频App的融媒体宣发，《航拍中国》第四季官方微博账号也在节目播出期间，不断推出“热情的重庆人为游客让出一座桥”“俯瞰西藏冰湖运羊名场

① 刘亚猛. 追求象征的力量：关于西方修辞思想的思考［M］. 北京：生活·读书·新知三联书店，2004：61.

② 刘涛. 视觉修辞学［M］. 北京：北京大学出版社，2021：354.

面有多壮观”等多个互动话题，引发用户关注深度内容，形成良好引流效果。

（二）生态争议发明

生态争议发明聚焦于生态话题中存在争议的部分，对其加以描述、界定、宣认，为生态话语建造合法性。

从宏观角度来看，生态纪录片将“绿水青山就是金山银山”“坚持山水林田湖草沙综合治理”“将‘双碳’战略纳入生态文明整体布局”等我国生态理念纳入作品当中，通过一个个生动的故事和傲人的事实，呈现我国在生态文明治理方面的决心和成果，引导国内国外舆论走向。

从微观角度来看，生态纪录片能将具体的生态争议纳入作品中来，进行描述和宣认。被称为“环保纪实节目”的《一路前行》播出后受到许多关注，此类节目从学术角度无法定义为“纪录片”，但是可以从产业角度被纳入大的纪实影像序列。在第1集中，三位主人公由于身份特殊，怕受众对作品有争议，认为是“作秀”。导演很巧妙地将这一内容，以及三位主人公进行这次环保之旅的动机也放在了镜头当中，让受众直接看到他们的顾虑和打消顾虑的过程。进行争议的宣认，避免舆论风波，提前通过内容进行舆论引导，是一种较有新意的做法。

（三）生态框架发明

生态框架发明是借助一定的隐喻修辞和接合策略，赋予社会争议一种新的阐释模式，从而实现公共话语的合法生产。《一路前行》中将一些会引发观众讨论的不同话题直接呈现在节目中，比如根据日程安排，胡歌等人原本计划跟随巡护员一起巡山，进入可可西里无人区，但在出发前夕，就“我们是否应该进入可可西里无人区”这一问题，胡歌等三人与导演组产生分歧。三位环保行动者也就“对无人区最好的保护”这一话题展开讨论。最后三位主人公选择不进入无人区，但是以巡护员进入并保障拍摄的方式，将无人区的内容呈现给观众。

另外，胡歌和刘涛还就“在野外如何处理游人用过的厕纸”一事产生了争论。胡歌提出要用袋子装自己用过的厕纸，带到特定地方扔掉。刘涛则认为这样做太难、太麻烦，也不能从根本上解决问题，提议用可降解纸巾，并说这个世界上没有“必须”，保护环境非常重要，但也可以从力所能及的事情一步一步来。两位主人公的两种观点其实都代表了不同的游客态度，编导将这些争议性的内容放置于节目中，正是想通过节目中的争议让受众参与到思考中来。同时，节目中主人公的做法，也是为环境保护提出一种可行性参考，他们对于这些生态议题的讨论和行动，可以让受众接合到自己的生活中来，受众在日常生活中遇到类似问题时也许会从这一角度进行思考，无形中在受众的脑海中植入了一种生态意识框架。

由此，生态纪录片的视觉修辞发明通过生态议题发明、生态争议发明和生态框架发明这三个方面形成了生态视觉话语建构。

二、生态纪录片的视觉文本结构

如果说修辞发明是“寻找要说的内容”，修辞谋篇就是将内容进行排列和组合的过程，包括词语的选择、结构的起承转合、论证的逻辑方式等。[①]在生态纪录片中，其修辞谋篇往往体现为生态纪录片的文本结构，一般通过时间叙事、空间叙事这两种代表性方式完成生态纪录片的视觉文本结构。

（一）时间叙事

时间叙事能够利用时间元素，将一个生态故事的过程进行相对完

① 刘涛. 视觉修辞学［M］. 北京：北京大学出版社，2021：355.

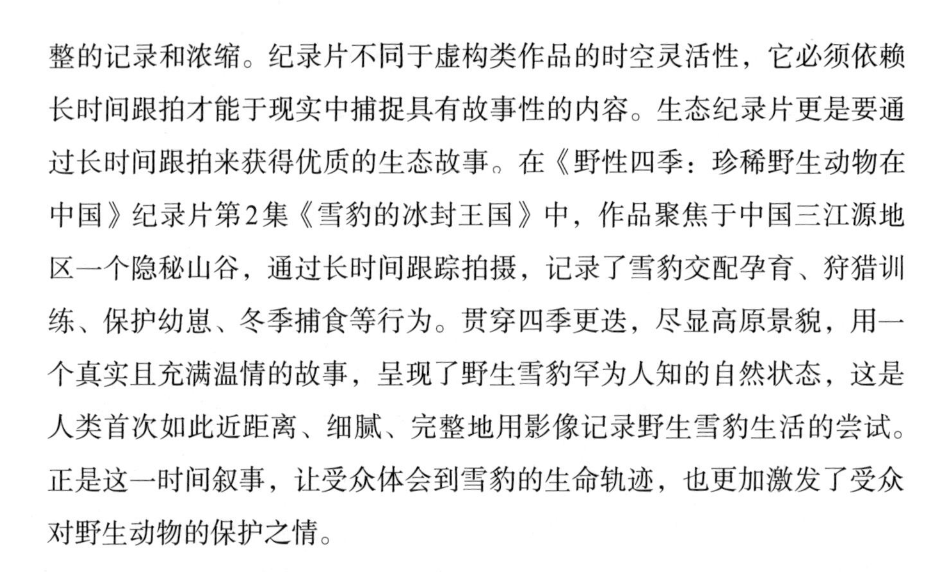

整的记录和浓缩。纪录片不同于虚构类作品的时空灵活性，它必须依赖长时间跟拍才能于现实中捕捉具有故事性的内容。生态纪录片更是要通过长时间跟拍来获得优质的生态故事。在《野性四季：珍稀野生动物在中国》纪录片第2集《雪豹的冰封王国》中，作品聚焦于中国三江源地区一个隐秘山谷，通过长时间跟踪拍摄，记录了雪豹交配孕育、狩猎训练、保护幼崽、冬季捕食等行为。贯穿四季更迭，尽显高原景貌，用一个真实且充满温情的故事，呈现了野生雪豹罕为人知的自然状态，这是人类首次如此近距离、细腻、完整地用影像记录野生雪豹生活的尝试。正是这一时间叙事，让受众体会到雪豹的生命轨迹，也更加激发了受众对野生动物的保护之情。

（二）空间叙事

空间叙事是生态纪录片的常用结构，因为生态纪录片大多需要通过展示不同地理位置和区域的生态场景来进行叙事。我国又是幅员辽阔的国家，拥有不同类型的地貌和环境，因此通过空间来进行叙事，能够更加全面、完整地建构生态观点。比如《家园　生态多样性的中国》中，每一集展现一种空间，包括海洋、森林、草地、湿地、城市等，作品通过影像呈现出五种空间的家园，共同构筑了中国生态治理的多个面向。《望见山水——绿水青山生态兴》从“林、土、沙、草、泽、家”六种空间维度展开叙事。空间叙事已经成为结构生态纪录片的常用手段。

三、生态纪录片的视觉形式语言

古典修辞学“五艺说”中的“文体”，即表达风格，包含措辞、辞格、韵律等。修辞风格还有宏大、中和、简朴之分。所谓宏大，对应的是大型仪式，比如庆典类活动；中和对应相对中观的活动或场合；简朴则对应日常的场景。

生态纪录片中的“文体”对应着视觉形式语言。在生态纪录片的视觉修辞中，不仅要关注纯粹的视觉图像，还要关注语图文本。与虚构作品不同，纪录片的拍摄，有时出于保持真实和纪实的目的，许多影像内容具有多义性或含糊性，这时配以文字、解说等形式进行意义的锚定就变得非常重要。当然，在生态纪录片中强调的这种文体美，或曰视觉形式语言的美，更多体现为修辞情景的美。

比如《望见山水——绿水青山生态兴》就通过航拍等手段，将森林、草原、沙漠、湿地、湖泊等自然景观营造成极富视觉冲击力的媒介景观，气势上大气磅礴，呈现出自然令人向往同时也令人敬畏的一面。比如在《林》这一集中展现德令哈市及后面的森林段落，都是使用航拍镜头，用蒙太奇的环形句式，呈现不同的森林样貌，形成一种视觉排比的美感。另外，微距镜头和特殊视角镜头呈现树木根部和土地结构，都是在用“陌生化”的手段来挑战受众的视觉习惯，延迟审美阅片时间，形成一种有意味的形式美感。

在很多采访中显示，《望见山水——绿水青山生态兴》中一个很大的创新点在于画家夏克梁以天真烂漫的马克笔绘画方式，为片中出现的濒危动植物绘制了大量精美手稿，结合动画呈现出生机盎然的自然世界。这种手段既丰富了画面形式，对采访内容进行可视化的呈现，同时也为作品的审美意蕴打开了一个新的维度。

在段落之间，《望见山水——绿水青山生态兴》没有选择常用的两极镜头转场或者其他常规方式，而是通过带有中国意蕴的方圆构图的设计性画面，进行下一段落的开启。同时，这种设计性画面还配以诗词文字，让“天圆地方”的中国韵味与诗词的诗意有机结合，无不彰显其中式美学。

生态纪录片随着纪录片整体制作水准提升的同时，也在逐渐摸索，开始形成自己利用自然景观和特殊视角叙事的类型化风格。

四、生态纪录片的视觉符号功能

生态纪录片的视觉符号功能，对应“五艺说”中的“记忆”。“记忆”在古典修辞学中受到尊崇源于古时的演讲往往是脱稿记忆，演讲者只有熟练记忆演说内容才能达到理想的修辞效果。

然而在生态纪录片中，传播结构中的传播者往往是不在场的，因此需要深入“五艺说”中“记忆”的底层逻辑来分析这一维度。在古典修辞中，“记忆”的功能更多体现为内容上的资源建设功能，即一方面从编码端看，纪录片编导需要从大量的生态案例、生态故事中挖掘有价值和有新意的表达视角，在一个社会和文化语境中找到适当的符号意象或叙事母题。另一方面从解码端看，在众多节目形态、大量同类型的生态纪录片文本中，作品如何能够夺取注意力资源，并使受众能在文本结构中获得与编码时相对一致的意义解读，是生态纪录片要回应的修辞效果问题。

不论是编码端还是解码端，纪录片编导都要时刻思考生态纪录片的文本形态创新问题。由于纪录片长久以来都是相对小众的节目类型，相较于娱乐类文本，在传播层面存在着天然的弱势。但是近年来，随着国家对纪录片产业的扶持，以及播出平台对纪录片社会效益的重视，纪录片也开始逐渐走入更多受众的视野中。一直以来，纪录片类型的探索都伴随着争议而不断向前迈进。从饱受争议的“情景再现”到“动画纪录片”，虽然业界和学界有不同的看法，但都在为拓宽纪录片产业的边界而不断努力。

在近些年的探索中，我们看到，生态纪录片不断进行“破圈”和“跨界”，从编码端进行创新和实验，让更多人看到生态现状，思考生态问题和解决路径。东方卫视播出的《一路向前》，就是将纪实和真人秀结合，利用演员参与的名人效应，最大限度地增强节目的传播力度。另外，像优酷视频播出的《一路“象”北》，一经播出便引发众多网友关注，也获得了业内分量极重的第19届中国（广州）国际纪录片节“金红棉”优秀纪录短片奖。《一路“象”北》共3集，围绕“相遇、陪伴、告别”三大主题展开叙述，聚焦正在迁徙的象群以及在幕后不分昼夜守护象群的“追象人”。作为一部记录大象出走、迁徙的纪录片，《一路“象”北》紧追时代，用幽默诙谐的镜头记录了云南西双版纳“小短鼻家族”象群的北迁“逛吃”奇遇，带领观众参与到环境保护、人文关怀等议题的思考中。《一路“象”北》的联合导演、“特别声音出演”张辰亮是网络爆火原创科普视频的创作者，其“无穷小亮”的表情包网民非常熟悉。与网络热门元素无边界惊喜对接，是《一路“象”北》能迅速征服年轻人的原因之一，也体现了生态纪录片能够“打入”年轻人视野、不断制造认同的潜力。

五、生态纪录片的视觉传播策略

罗兰·巴特指出，修辞发表本质上意味着“像演员一样演示话语”[①]。修辞发表所对应的“表演”在古典修辞学中极具分量，尼采在《古修辞讲稿》中提出：“一篇平庸的演讲词，付于高亢有力的表演，较之于毫无声情之助的最佳演说词，更有分量。”[②]在视觉修辞场域中，修辞者的不在场使得受众的接受活动发生在受众与图像的观看结构中。因此，生态纪录片文本以何种途径、何种方式进入观看结构，即生态纪录片文本的修辞传播，是在此环节中需要关注的问题。

当下的新媒体时代，传播途径、传播方式多元融合，视觉修辞的实

① 巴尔特. 符号学历险［M］. 李幼蒸，译. 北京：中国人民大学出版社，2008：42.

② 尼采. 古修辞讲稿［M］. 屠友祥，译. 上海：华东师范大学出版社，2018：143.

践也从传播端向接受端偏移，生态议题呈现出多主体、多渠道、多样式的跨媒介和融媒传播态势。

2023年5月22日，在国际生物多样性日这天，中央广播电视总台社教节目中心与法国第三视角制片公司、中国广播电影电视节目交易中心有限公司联合策划制作的《中国秦岭：一只金丝猴的记忆》在总台央视科教频道播出。作为“一带一路”倡议提出十周年总台国际合作重点项目，该部生态纪录片以国际视野对金丝猴的生活行为及生存环境进行故事性表达，集中展示了西北大学的相关科研成果，努力打造“总台自然生态内容新名片”。总台节目组搭建融合创新产品矩阵，运用“象舞指数”发布了《国内外科普内容产品典型案例分析》《科普短视频创作指南》等科普短视频及总台IP融合创新案例相关研究成果，并将其反哺于总台短视频一线创作。围绕中法合拍、自然生态类别等特点，节目组通过“秦岭孙悟空”“秦岭金丝猴的夜生活”“淘气小猴历险记”“猴圈不相信眼泪”等互动议题设置，创作了兼顾趣味性、科普性、互动性的系列创意短视频。节目注重“一体化融合创新”，以创作与传播互促、线上与线下结合的方式，从话题设置、网感营造、矩阵构建三个维度进行融合传播。节目播出后，全网相关话题阅读量达3.2亿人次，累计13次登上各大平台热榜。

第二节　生态纪录片中修辞意象的建构

意象既存在于视觉文本生产领域，同时也存在于受众在解读时对文本系统的提取。绘画、雕塑、文学、戏剧等艺术形式，都是通过意象来传递意义。在视觉修辞领域，视觉思维中的意象问题一直是一个重要的命题。鲁道夫·阿恩海姆的《视觉思维》中提出，“思维活动是通过意象进行的”[①]。阿恩海姆创造性地发现了视觉意象可以承担感性与理性、

① 阿恩海姆.视觉思维［M］.滕守尧，译.成都：四川人民出版社，2005：152.

感知与思维、艺术与科学之间的桥梁作用。纪录片也是利用一个个视觉意象进行修辞表意。查尔斯·A.希尔（Charles A. Hill）将图像的修辞产物直接概括为“意象”[①]。中国从诗歌开始就有意象的研究，袁行霈认为，“意象就是融入了主观感情的客观物象”[②]。意象是主观世界的外在化表征。在环境传播中，“意”是环境伦理，“象”是环境主义者最终呈现的一种文本景观，既可以是一种原生态的自然景观，也可以是人为创作出的人造景观，“意象”承载了象征功能和劝服目的。

一、原型意象

所谓“原型”，来自荣格在《原型与集体无意识》中对于原型的论述，即原型是不可见但来自我们的经验世界，潜伏在文本中有待被识别的“元语言”，因而具有强大的意义赋值功能。图像本身具有不确定性，尤其是纪实语言，由于不能自由创造而只能根据真实场景摘取，因此释义过程依赖一定的元语言系统，原型意象的征用其实是创造了文本意义解读的文化语境。

荣格在《原型与集体无意识》中详细论述了一些有代表性的原型内涵和呈现方式。比如母亲原型，有三个代表性面向：一是生身母亲，二是与之相关的任何女性，三是可以“在象征意义上被称为母亲的东西”，如圣母玛利亚等。在生态纪录片中，作品经常把地球或地球上的海洋、森林、湖泊等空间比喻成母亲，从而形成强烈的移情作用。

二、概念意象

概念意象生产的标志性“果实”是对特定概念框架的建构，而概念

① 刘涛. 视觉修辞学［M］. 北京：北京大学出版社，2021：391.

② 袁行霈. 中国诗歌艺术研究［M］. 北京：北京大学出版社，1987：63.

框架则赋予我们把握现实世界的一种理解方式。

在前文介绍过的纪录片《碳路森林》中，为了说明碳排放的严重后果，开场片段中使用了大量的雾霾、龟裂的土地、烟囱中的烟等排比镜头。通过这些镜头，进一步解释了全球变暖所带来的严重后果。在此意义上，结合现代工业发展的历史语境、人类享受于当下便利生活的社会语境等，控制碳排放、缓解全球变暖这一概念就被编码到了这些镜头当中。这些概念意象被悄无声息地生产出来，功能就是以一种启发性、自反性、警示性的修辞方式来激活公众对于控制碳排放的深切感知和认同。

三、符码意象

只有进入象征系统的物象才能成为意象。当一种符码获得了普遍的受众认知基础，并且承载了一定的认同的话语时，它便成了符码意向。

纪录片《自然的力量》记录藏羚羊、雪豹、野牦牛、长臂猿、亚洲象等动物，以及中国南海等地丰富多彩的生态故事，带领观众寻访人迹罕至的自然奇观，以国际通行的自然纪录片拍摄手法和技术标准呈现中国生态的多样性。《家园　生态多样性的中国》从生态系统的角度，讲述发生在海洋、森林、草原、湿地、城市中有趣的物种故事，展现人与自然之间的共生关系。《我们的鹭鸟》用影像记录白鹭一家的生活，将鹭鸟的生活场景与尤溪县梅仙镇半山村的美丽景色、村民善待和保护鹭鸟的故事等有机融合，表现出人与自然和谐相处的主题。《重返森林》将镜头对准国宝大熊猫，记录了刚出生的熊猫宝宝在科学家和熊猫妈妈的共同抚育下重归自然的故事。《影响世界的中国植物》使用超高清摄影机、大型航拍无人机等设备，采用延时摄影、定格动画、显微摄影等方式，呈现了28种植物的生命旅程，尝试用纪录片讲好“中国植物”影响世界的故事。《青海·我们的国家公园》展现青海三江源国家公园的生态之美以及人与自然和谐共生的美丽画卷，揭示保护生物多样性的重大意义，唤起人们热爱生态、保护生态的自觉意识。上述纪录片精选“国家公园”“海洋”“森林”“湿地”“动物”“植物”等物象形成意象，以绝美影像呈现中国生态之美，在潜移默化中传递出人与自然和谐共生的中国式现代化理念。

环保主题的生态纪录片，如《气候变化与中国粮食安全》《环球同此凉热》《生态文明启示录》《红线》等，表现生态破坏的严峻现状，反思人与自然的生存关系，尝试提出有效的治理方案；通过讲述生态保护与环境治理的感人故事，展现新时代人民建设美丽中国的决心。《环球同此凉热》以科学理性的态度，从人与自然的关系出发，梳理了人类从农业文明到工业文明和生态文明的发展历程，以及在此过程中呈现出的气候危机、环境恶化和人类自身所面临的困境，对人类发展与环境问题展开理性思考。《红线》征用“水”“雾霾”“耕地”“湿地”等自然物象为意象，展现高速城市化、工业化过程给区域和人类生态带来的负面影响，传递出中国将生态安全作为建设美丽中国和实现中华民族永续发展基石的现代化理念。在“人与自然和谐共生”的中国式现代化理念指引下，新征程上的中国生态纪录片要更好地担负起阐释人与自然、保护与发展、环境与民生、全球生态命运共同体等生态文明思想，通过“美丽中国”意象体系构建，立体展现中国式现代化的自然观、发展观、全球观，为积极应对全球气候变化、保护生物多样性、实现全球可持续发展，贡献中国智慧和中国方案。

第三节　生态纪录片中的行动动员

韩鸿认为纪录片的影像是电影文本，也是社会动员的工具，纪录片这种特殊的媒介形态具有推动社会前进的巨大力量。[①]纪录片不只是

① 韩鸿. 社会纪录片与影像行动主义　审视中国社会纪录片的另一个维度［J］. 电影艺术，2008（5）：136-141.

简单地展示影像的内容，它具有多方面的现实意义，既可以记录一个社会的发展状态，又能促进社会的正向变迁。本节就以《零碳地平线》为例，分析其动员效果。

一、公众：认知、内化、行动

公众动员效果的产生过程分为三个阶段，即认知、内化和行动。在认知阶段，公众通过传播渠道接收的“双碳”信息，作用于公众已有的知识经验层面，将其与自己的知识结构和生活环境联系起来，形成有效的“双碳”认知；在内化阶段，通过影像传播强化公众对危机的警惕意识，公众将传播所提倡的低碳理念内化，成为自己生活理念和价值观念的一部分，比如低碳出行、低碳消费、低碳旅游已经成为公众认同的低碳生活方式；在行动阶段，公众将自己认同的理念和观念在生活和行为中表现出来，越来越多的公众自愿投身到“双碳”的社会行动中，自觉选择有利于节能减排、减缓气候变化的生活方式，比如融入减塑生活、用公共交通工具代替开车出行、积极使用低能耗电器、循环利用个人用品等。同时，公众将这些新的低碳生活方式反复强化，逐渐形成生活习惯，使之持久巩固。

二、企业：从“孤军奋战”到“多方联动”

“双碳”目标的实现，企业是助力，也是关键。《零碳地平线》通过影像的方式来传播“双碳”发展理念，增强企业对“双碳”目标的认知度、参与度和责任感。企业的“双碳”实践，具体表现为从“孤军奋战”向“多方联动”的扩展，这种“多方联动”的企业“双碳”实践，主要表现在两方面：一是企业立足中国低碳发展现实，在理解国家“双碳”政策的基础上，了解国家对“双碳”这一处在当代经济“交叉地带”和“十字路口”的重大问题的取向与利益诉求，更好地把握“双碳”发展的基调和策略；二是布局绿色金融行业，企业的“双碳”实践不再单打独斗，更多的企业遵循“1+N”政策体系，降低“碳达峰”“碳中和”的社会成本，从资金供给侧进行低碳融资，转变战略和发展思维，以此加速企业的绿色产业升级和技术改造。政府、企业、银行三方锚定“双碳”目标持续发力，助力“双碳”目标的实现。

三、银行：从“被动的接受者”到“积极的先行者”

如今在资本市场，“双碳”有着相当高的关注度，在实现“双碳”目标的过程中，绿色金融是重要的配套支撑。银行作为金融机构中的重要角色之一，在监管的指导下积极推动并参与绿色金融创新。中国各大银行以“双碳”理念为指引，在“双碳”政策的推动下，不断探索、提升自身业务竞争力，积极推进“绿色银行”建设，大力发展绿色金融，助推“双碳”目标的实现。目前，中国工商银行、中国银行、中国邮政储蓄银行等银行机构抓住“双碳”新机遇，全面升级绿色金融服务体系，响应“双碳”战略，构建绿色生态朋友圈，持续打造“绿色银行”。除了对绿色金融服务体系进行升级，银行还积极为低碳经济转型提供大规模金融服务，引导推动经济结构向低碳经济转型。在“双碳”政策的引导和推动下，银行从“被动的接受者”向“积极的先行者”转变。

第四节　个案分析：《一路“象”北》

《一路“象”北》这部纪录片，仿若一次充满奇幻的冒险历程，用纪实影像带领观众步入云南的雨林，以细腻且充满活力的形式，精彩地展现了“小短鼻家族”向北迁移的壮丽景象。这不仅仅是一段人与象共同经历的奇幻之旅，更是一次对自然与人类和谐共处的深刻感悟。

纪录片背后的制作团队，是曾经在抗疫纪录片《冬去春归》一线拼搏的制作者们。在那充满挑战的环境中，他们培育出了卓越的协同合作能力，为《一路“象”北》的全景记录奠定了坚实基础。不仅如此，制作团队还联合了当地公安、森林消防、动植物专家和当地向导，多方力量共同协作，保障了拍摄行动的成功开展。

纪录片的真实性是其核心所在，而《一路“象”北》既依托专业的摄制团队，又借助先进的拍摄设备。航拍无人机、红外线热成像技术在雨林深处发挥了重要作用。通过这些技术手段，观众能够从“上帝视角”全面地观赏象群北迁的每一个瞬间，以及地形地貌、景观布局以及象群移动的生动画面。

在《一路“象”北》中，地球或象群生活的自然空间可以被比喻成母亲，从而形成强烈的移情作用。象群北迁的过程，也是对自然母亲的一次探索和回归。这种原型意象的征用创造了文本意义解读的文化语境，让观众更加深刻地理解生态保护的重要性。

该片通过象群北迁的故事，编码了生态保护的概念。例如，记录象群在迁徙过程中与人类的互动，展现了人与自然和谐共生的重要性。同时，通过讲述幕后不分昼夜守护象群的“追象人”的故事，强调了人类在生态保护中的责任和担当。这些概念意象以一种启发性、自反性、警示性的修辞方式激活了公众对于生态保护的深切感知和认同。

《一路“象”北》精选“象群”“自然景观”等物象形成意象，以精彩的影像呈现中国生态之美。象群作为符码意向，获得了普遍的受众认知基础，承载了一定的认同话语。纪录片通过象群的故事，传递出人与自然和谐共生的理念，在潜移默化中影响观众的生态观念。

在行动动员方面，纪录片《一路“象”北》完整记录了云南野生亚洲象群一路向北的迁徙过程，包括象群的行走路线、日常活动、觅食行为、休息场景等，让观众直观地看到野生亚洲象的生存状态和行为习性，引发大众对亚洲象生存状况及整个生态环境的关注。象群长距离北迁这一罕见现象，强调了事件的特殊性和重要性，引发国内外广泛关注，使更多人意识到野生动物保护和生态环境保护的紧迫性。

在象群北迁过程中，中国政府和民众采取了一系列积极保护措施，如通过无人机监测、投食引导、疏散人群等，纪录片对此进行了详细展现，传递出中国政府和人民对野生动物的尊重和保护意识，为人们树立正确的生态保护理念。当地村民对象群的理解和包容以及积极参与保护工作的场景，传递出人与自然和谐共生的价值理念，让观众认识到人类与野生动物可以和平相处，人类有责任和义务保护野生动物的生存环境。

纪录片深入分析象群北迁的原因，包括栖息地变化、食物资源分布、气候因素等，让观众了解到野生动物生存环境面临的诸多挑战，促使观众思考人类活动对生态环境的影响以及如何采取措施保护野生动物的栖息地。结合象群北迁事件，强调生态保护的重要意义，让观众认识到保护野生动物不仅是保护单一物种，更是保护整个生态系统的平衡和稳定，唤起人们的生态保护意识和行动。

纪录片中象群的可爱形象、象群之间的亲情互动以及人类对象群的关爱等内容，容易激发观众的情感共鸣，促使观众产生对野生动物的喜爱和保护欲望，进而转化为实际行动。在纪录片结尾或相关宣传中，为公众提供具体的行动建议，如减少一次性塑料制品的使用、支持生态保护项目、参与野生动物保护的公益活动等，引导公众在日常生活中积极参与生态保护行动。

《一路“象”北》通过纪实影像讲述了一个温情和动人的真实故事，激发公众的环保意识，完成生态纪录片中生态话语的构建，为后续的同类型创作提供了一个可行的范本和样例。